高职高专"工学结合"特色教材

ASP.NET
工作任务式教程

主　编　沈润泉　张　维

副主编　施冬梅　武素华　欧阳华

参　编　于瑞琴　王　莹　史建群

　　　　王　辉　魏榴花

江苏大学出版社
JIANGSU UNIVERSITY PRESS
镇江

图书在版编目(CIP)数据

ASP.NET 工作任务式教程 / 沈润泉,张维主编. —
镇江:江苏大学出版社,2015.1(2018.9 重印)
ISBN 978-7-81130-919-5

Ⅰ. ①A… Ⅱ. ①沈… ②张… Ⅲ. ①网页制作工具－
程序设计－高等职业教育－教材 Ⅳ. ①TP393.092

中国版本图书馆 CIP 数据核字(2015)第 030540 号

ASP.NET 工作任务式教程

ASP.NET GONGZUO RENWUSHI JIAOCHENG

主　　编/沈润泉　张　维
责任编辑/李菊萍
出版发行/江苏大学出版社
地　　址/江苏省镇江市梦溪园巷 30 号(邮编:212003)
电　　话/0511-84446464(传真)
网　　址/http://press.ujs.edu.cn
排　　版/镇江市江东印刷有限责任公司
印　　刷/虎彩印艺股份有限公司
开　　本/718 mm×1 000 mm　1/16
印　　张/17.5
字　　数/314 千字
版　　次/2015 年 1 月第 1 版　2018 年 9 月第 2 次印刷
书　　号/ISBN 978-7-81130-919-5
定　　价/38.00 元

如有印装质量问题请与本社营销部联系(电话:0511-84440882)

目　　录

第1章 工作任务介绍

1.1 开发背景

　　现代网络的发展已呈现商业化、全民化、全球化的趋势。几乎所有的企业都在利用网络传递商业信息,进行商业活动,涵盖企业宣传、广告发布、雇员招聘、商业文件传递、市场拓展、网上销售等。企业可以借助网络树立企业的形象、推广企业的产品、发布公司新闻,同时通过信息反馈使企业更加了解顾客的心理和需求,网站虚拟企业与实体企业的经营运作有机地 结合,将更有利于企业产品销售渠道的拓展,并节省大量的广告宣传和运营成本,更好地把握商机。

　　众诚数字科技公司致力于广告设计、产品演示、3D 投影、城市亮化、场景漫游、动画短片、室内设计、动画数字等 3D 建模领域的制作。

1.2 系统分析

1.2.1 需求分析

　　众诚数字科技有限公司根据企业需求确定网站应具备以下功能:

　　前台功能模块如下:① 公司首页展示;② 公司简介;③ 公司新闻;④ 公司产品介绍;⑤ 公司产品分类查询;⑥ 公司职位招聘信息;⑦ 客户留言。

　　后台功能模块如下:① 产品分类管理;② 产品管理;③ 留言管理;④ 企业新闻管理;⑤ 招聘信息管理;⑥ 用户管理。

1.2.2 可行性分析

　　根据《GB 8567—1988 计算机软件产品开发文件编制指南》中可行性分析的要求进行可行性研究分析。

　　众诚数字科技有限公司是一个微型企业,其网站规模很小,项目周期短,技术上不存在问题,人员及资金投资很少,因此可以开发该项目。

1.2.3 编写项目计划书

1. 项目目标

项目目标应当符合 SMART 原则,把项目要完成的工作用清晰的语言描述出来。

众诚数字科技有限公司创建网站的主要目的是实现公司及其产品的对外宣传、客户及潜在客户的信息反馈。因此,该网站最核心的功能是实现公司产品的分类浏览以及客户的信息反馈。项目实施后,应能扩展公司的宣传途径,更广泛地收集客户反馈信息,提高公司效益。

2. 应交付成果

项目开发完成后,交付的内容如下:

➢ 以光盘形式提供该公司网站的源程序、网站数据库文件、系统使用说明书。

➢ 系统发布后,进行两个月的无偿维护和服务,两个月后对网站进行有偿维护与服务。

3. 项目开发环境

操作系统为 Windows 7,使用集成开发工具 Microsoft Visual Studio 2010,数据库采用 SQL Server 2005,项目运行服务为 Internet 信息服务(IIS)管理器。

4. 项目验收方式与依据

项目验收分为内部验收和外部验收两种方式。在项目开发完成后,首先进行内部验收,由测试人员根据用户需求和项目目标进行验收。项目通过内部验收后,再交给用户进行验收,即外部验收,外部验收的主要依据为需求规格说明书。

1.3 系统设计

1.3.1 系统目标

本系统在设计时应该实现以下几个主要目标:

➢ 界面设计美观友好,操作简便。

➢ 全面、分类展示公司的所有产品。

➢ 显示产品的详细信息,方便顾客了解产品信息。

➢ 提供对产别、类别及产品的管理功能。

➢ 提供网站留言及回复留言功能。

➤ 提供新闻、招聘信息发布及其管理功能。

➤ 最大限度的实现易维护性和易操作性。

➤ 运行稳定、安全可靠。

1.3.2 系统功能结构图

网站首页链接公司简介、新闻动态、服务领域、成功案例、人才招聘、登录页面,系统管理员可进入产品管理、留言管理页面、新闻管理页面和招聘信息管理页面,注册会员可进入留言页面。

普通用户可浏览网站信息,浏览留言。登录用户可查看留言、浏览留言、修改本人留言、删除本人留言,如图 1-1 所示。

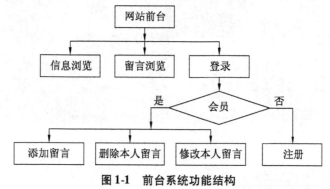

图1-1 前台系统功能结构

系统管理员可进行产品管理、产品类别管理、留言管理、新闻管理,具体如图 1-2 所示。

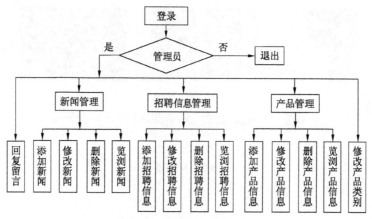

图1-2 后台系统功能结构

1.3.3　系统预览

公司网站由多个页面组成,下面展示几个典型页面,如图 1-3 至图 1-7 所示。

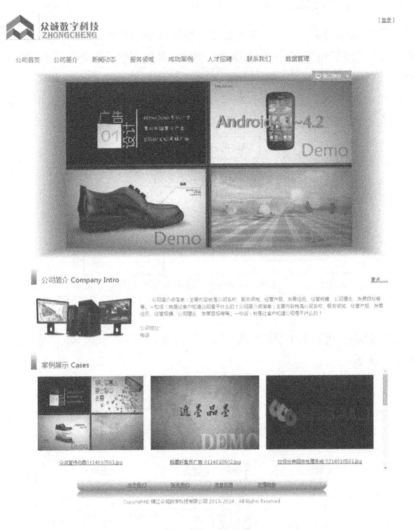

图1-3　网站首页

图 1-4　登录页面

图 1-5　数据维护页面

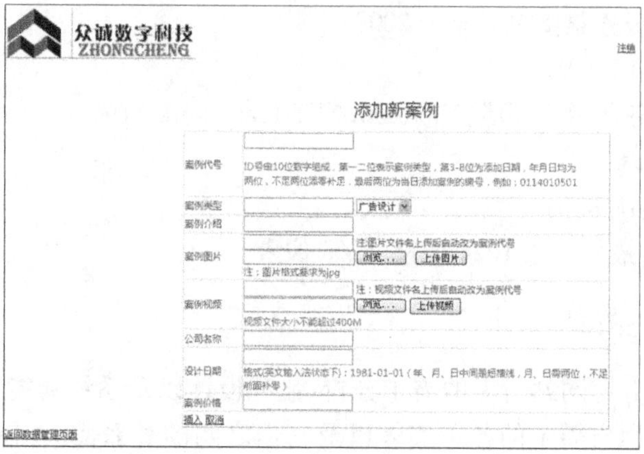

图 1-6　添加数据页面

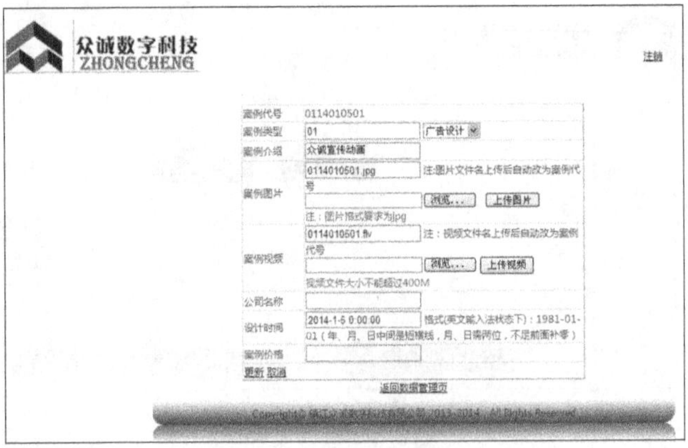

图 1-7　修改数据页面

1.3.4　构建开发环境

1. 网站开发环境

网站开发环境:Microsoft Visual Studio 2010(简称 VS)集成开发环境;

网站开发语言:ASP.NET ＋ VB.NET;

网站后台数据库:SQL Server 2008;

开发环境运行平台:Windows XP。

2. 服务器端

操作系统:Windows 2003 Server;

Web 服务器:IIS 6.0;

数据库服务器:SQL Server 2008;

浏览器:IE 8.0;

网站服务器运行环境:Microsoft.NET Framework SDK。

3. 客户端

浏览器:IE 8.0;

分辨率:最佳效果 1024 像素 ×768 像素。

1.3.5　数据库设计

根据以上对网站所做的需求分析、流程设计以及系统功能结构的确定,规划出满足用户需求的各种实体以及它们之间的关系图,本网站规划出的数据库实体对象分别为案例类别实体、案例信息实体、留言信息实体、回复留言实体、新闻信息实体、招聘信息实体,而用户信息使用 Visual Studio (VS)自建的 ASPNETDB 数据库。

案例类别实体 E-R 图如图 1-8 所示。

图 1-8　案例类别实体 E-R 图

案例信息实体 E-R 图如图 1-9 所示。

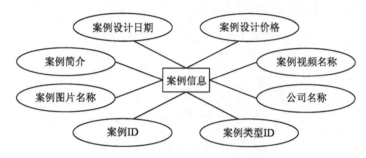

图 1-9　案例信息实体 E-R 图

留言信息实体 E-R 图如图 1-10 所示。

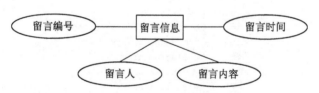

图 1-10　留言信息实体 E-R 图

回复留言实体 E-R 图如图 1-11 所示。

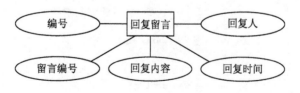

图 1-11　回复留言实体 E-R 图

新闻信息实体 E-R 图如图 1-12 所示,招聘信息实体 E-R 图如图 1-13 所示。

图1-12 新闻信息实体 E-R 图   **图1-13 招聘信息实体 E-R 图**

1.3.6 文件组织结构

网站文件组织结构如图 1-14 所示。

图1-14 网站文件组织结构

第 2 章　ASP. NET 入门

本章要点: ● Visual Studio 2010 的安装与基本操作

技能目标: ● 使用 VS 创建第一个 Web 站点
　　　　　 ● 使用和定制开发环境

2.1　工作场景导入

【工作场景】

众诚数字科技有限公司需要开发一个网站以宣传、推广自己的公司及产品。

本次任务的目的:利用 VS 为开发该公司网站做准备;安装 Visual Studio 2010,利用 VS 创建该公司站点。

【引导问题】

首先,构建有效并具有吸引力的网站需要具备两个条件:一是运行 Web 页面的稳固而快速的架构,二是创建和编写 Web 页面的功能强大的环境。ASP. NET 和 Visual Studio 可以满足这两个条件,它们结合在一起构建了一个动态的、交互式的 Web 站点平台。

其次,构建有效并具有吸引力的公司站点要做好以下准备工作:

(1) 安装 Visual Studio。

(2) 在 VS 中创建 ASP. NET 站点。

(3) 在 VS 中组织站点。

下面讲述如何做好这三项准备工作。

2.2　工作过程与理论依据

【工作过程一】　安装 Visual Studio 2010

(1) 在安装文件中找到 setup. exe 文件并双击,打开"安装程序"窗口。

（2）单击"安装 Microsoft Visual Studio 2010"。

（3）单击"下一步"按钮,在打开的新窗口中单击单选按钮"我已阅读并接受许可条款"。

（4）单击"下一步",在新打开的窗口中选择要安装的功能,并设置好安装路径,单击"安装"按钮。

（5）设置好产品安装路径后单击"安装"按钮,进入安装页。

（6）单击"下一步",稍等片刻会有"立即重新启动"的提示跳出。

（7）单击"立即重新启动"按钮,在新打开的窗口中单击"完成"按钮,完成安装。

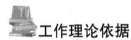

工作理论依据

2.2.1 Visual Studio 简介

Visual Studio 是微软公司推出的开发环境。Visual Studio 可以用来创建 Windows 平台下的 Windows 应用程序和网络应用程序,也可以用来创建网络服务、智能设备应用程序和 Office 插件。

安装 Visual Studio 2010 之前,首先要了解安装 Visual Studio 2010 所需的必备条件,检查计算机的软硬件配置是否满足 Visual Studio 2010 开发环境的安装要求,具体要求见表2-1。

表 2-1　安装 Visual Studio 2010 的必备条件

软硬件	描　述
处理器	1.6GHz 处理器(建议使用 2.0GHz 双核处理器)
RAM	1GB(建议使用 2GB 内存)
可用硬盘空间	系统驱动器上需要 5.4GB 的可用空间,安装驱动器上需要 2GB 的可用空间
显示器	分辨率 800×600,256 色(建议使用 1024×768,增强色 16 位)
操作系统	Windows Server 2003(SP2),Windows XP SP3,Windows Vista,Windows 7, Windows 8

2.2.2　ASP.NET 简介

ASP.NET 是.NET Framework 的一部分,它是微软公司的一项可使嵌入网页中的脚本由因特网服务器执行的服务器端脚本技术,可在通过 HTTP 请求文档时再在 Web 服务器上实现动态创建。

ASP.NET 使一些很平常的任务(如表单的提交、客户端的身份验证、分布系统和网站配置等)运行更加简单。ASP.NET 页面构架允许建立自己的用户界面,使其不同于常见的 VB-Like 界面。

ASP.NET 网站或应用程序通常使用 Microsoft 公司的 IDE(集成开发环境)产品 Visual Studio 进行开发,首选语言是 C#及 VB.NET,同时也支持其他多种语言的开发。因为 ASP.NET 是基于通用语言的编译运行程序,其实现完全依赖于虚拟机,所以它拥有跨平台性。ASP.NET 构建的应用程序几乎可以在所有平台上运行。

【工作过程二】　利用 VS 建立公司站点

安装好 Visual Studio 2010 后,就可以创建公司站点了,具体步骤如下:

(1)单击"开始"菜单→指向"所有程序"→指向"Microsoft Visual Studio 2010"→单击"Microsoft Visual Studio 2010",启动 Visual Studio 2010。第一次启动 VS 将显示如图 2-1 所示窗口。

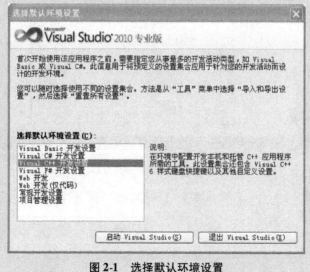

图 2-1　选择默认环境设置

（2）在该窗口中选择默认编程语言，本书中代码采用 VB. NET 编程语言编写，因此选择"Visual Basic 开发设置"，然后单击"启动 Visual Studio"按钮，出现如图 2-2 所示"加载"窗口。

图 2-2　启动加载窗口

几分钟后打开 VS，出现如图 2-3 所示开发环境界面。

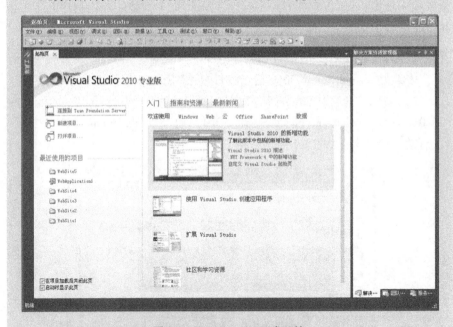

图 2-3　Visual Studio 开发环境

（3）单击"文件"菜单→单击"新建网站"，打开"新建网站"窗口，如图 2-4 所示。

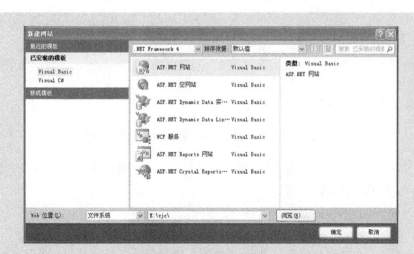

图 2-4　"新建网站"窗口

◆ **ASP. NET 网站和 ASP. NET 空网站的区别**

ASP. NET 网站是 VS 预先制作好的一个网站初始模板, ASP. NET 空网站只是建立了一个包含 Web. config 文件的空站点。

(4) 选择"ASP. NET 网站", 在"Web 位置"中设置网站所在位置, 此案例中 Web 位置设置为"E: \zjc", 然后单击"确定"按钮打开如图 2-5 所示窗口。

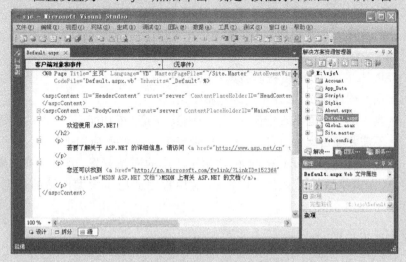

图 2-5　Default. aspx 页面

（5）存盘。

至此，公司站点创建完成。

工作理论依据

2.2.3 两种 ASP. NET Web 应用程序创建方法的比较

Visual Studio 提供了两种创建 ASP. NET Web 应用程序的方法：基于项目的开发和无项目文件的开发。

（1）基于项目的开发："文件"菜单→"新建项目"。

此方法创建一个 Web 项目时，Visual Studio 生成一个 .vbproj 项目文件，它记录项目中的文件并保存一些调试设置。运行 Web 项目时，Visual Studio 在启动 Web 浏览器前把项目的所有代码编译成一个程序集。

ASP. NET Web 应用程序主要有以下特点：

➢ 可拆分成多个项目以方便开发、管理和维护。

➢ 可以从项目和源代码管理中排除一个文件或项目。

➢ 支持 VSTS（生命周期管理工具）的 Team Build，方便每日构建。

➢ 可以对编译前后的名称、程序集等进行自定义。

（2）无项目文件的开发："文件"菜单→"新建网站"。

此方法创建一个没有任何项目文件的简单网站。Visual Studio 认为网站目录里的所有文件都是 Web 应用程序的一部分。Visual Studio 不进行预编译代码，ASP. NET 在第一次请求页面时编译网站。

ASP. NET WebSite 编程模型具有以下特点：

➢ 动态编译该页面，而不用编译整个站点。

➢ 当一部分页面出现错误时不会影响其他页面或功能。

➢ 不需要项目文件，可以把一个目录当作一个 Web 应用来处理。

总体来说，ASP. NET WebSite 适用于较小的网站开发，因为其动态编译的特点，无需整站编译。而 ASP. NET 应用程序适用于大型网站的开发、维护等。

【工作过程三】 组织站点

组成站点的文件有很多，因此最好按功能将它们分组存放到单独的文件夹中。例如,所有的样式表文件都放在 Styles 文件夹中,所有的脚本文件都放在 Scripts 文件夹中……

　　公司站点的图片及视频比较多,因此需新建两个文件夹分别存放图片及视频。另外还需创建两个文件夹分别存放留言处理页面及数据管理页面。Styles 文件夹及 Scripts 文件夹已默认建成。下面介绍新建文件夹的创建步骤:

　　(1) 在"解决方案资源管理器"(如图 2-6 所示)中右击网站根目录,打开快捷菜单,选择"新建文件夹"。

图 2-6　新建文件夹

　　(2) 将新建文件夹命名为 Pictures,用同样的方法创建文件夹 Videos,ManageData,Messages。

　　(3) 右击 Pictures 文件夹,选择"添加现有项",打开"添加现有项"窗口。

　　(4) 在查找范围中指向素材文件夹"Pictures",在对象类型中选择"图像文件"。

　　(5) 选中所有图像文件,单击"添加"按钮。

（6）右击 Videos 文件夹，选择"添加现有项"，打开"添加现有项"窗口。

（7）在查找范围中指向素材文件夹"Videos"，在对象类型中选择"所有文件"。

（8）选中所有视频文件，单击"添加"按钮。

（9）右击 Videos 文件夹，选择"新建文件夹"，命名为"VideoImages"，网站结构如图 2-7 所示。

图 2-7　网站结构

（10）右击 VideoImages 文件夹，选择"添加现有项"，打开"添加现有项"窗口。

（11）在查找范围中指向素材文件夹"VideoImages"，在对象类型中选择"图像文件"。

（12）选中所有图像文件，单击"添加"按钮。

（13）单击"全部保存"按钮，如图 2-8 所示。

图 2-8　"全部保存"按钮的位置

小 贴 士

◆ 站点建成后自动生成的内容介绍

① 在"解决方案资源管理器"中自动生成了一些文件及文件夹,其说明见表 2-2。

表 2-2 网站中生成的文件及文件夹说明

名　称	说　明
Account 文件夹	包含并实现了基于表单的认证系统的若干网页,可用来登录、注册和改变用户的密码
App_Data 文件夹	存放数据、存储相关文件,如. mdb,. mdf,. xml 文件
Scripts 文件夹	包含 jQuery 文件:jquery - 1. 4. 1. js 是未压缩版本,文件比较大,代码带有注释等信息;jquery - 1. 4. 1. min. js 是压缩版本,通常使用压缩版本;jquery - 1. 4. 1 - vsdoc. js 是带详细文档的版本
Styles 文件夹	存放层叠样式表文件
ManageData 文件夹	存放数据管理的页面
Messages 文件夹	存放添加留言的页面
About. aspx,Default. aspx	自动生成的两个基于母版 Site. master 的页面
Global. asax	文本文件,它提供全局可用代码,这些代码包括应用程序的事件处理程序以及会话事件、方法和静态变量。有时该文件也被称为应用程序文件,每个应用程序在其根目录下只能有一个 Global. asax 文件,这个文件是可选的
Site. master	母版文件,可以为 Web 应用程序中的所有页(或一组页)定义所需的外观和标准行为
Web. config	Web 网站配置文件,用来存储 ASP. NET 应用程序的配置信息(如最常用的设置 ASP. NET Web 应用程序身份验证的方式),它可以出现在应用程序的每一个目录中

② 属性窗口中显示资源管理器中当前选中对象的属性信息。

③ 工作区部分是默认打开的 Default. aspx 文件(网站首页)。

④ 如果看不到资源管理器及属性窗口,可通过"视图"菜单打开或关闭有关窗口。

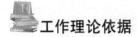

工作理论依据

2.2.4　组织站点结构

结构和组织对于站点的管理来说很重要。虽然将所有文件都添加在项目的根文件夹中很方便,但是最好不要这样做。网站规模较小时还能应付,但当网站规模很大而没有良好的结构时,文件管理将会变得相当困难。将相关的文件放在单独的文件夹中是构建有组织的站点的第一步,而将相同类型的文件放在一个文件夹中只是优化站点的一种方法。在后面的章节中,独立的文件夹也常用来分组功能类似的文件。例如,所有只能由站点管理员访问的文件都放在一个名为 ManageData 的文件夹中。

建议不要使用中文或其他双字符符号对文件及文件夹命名,且文件名中不能使用空格和特殊符号。

不使用中文命名的原因有以下两点:① 很多 Internet 服务器使用的是英文操作系统,不能对中文文件名提供良好的支持。② 浏览网站的用户也可能使用英文操作系统,中文的文件名称同样可能导致浏览器错误或访问失败。

常用文件夹及说明如下:

➢ Template:存放网页模板,这些模板可作为各网页的设计基础。

➢ Style:存放网页中设置文本的 css 样式文件。

➢ App_Data:存放网页中图像库之类组件的文件夹。

➢ Pictures:存放图片的文件夹。

➢ Scripts:存放脚本程序。

➢ temp:存放网页制作时可能使用的一些临时文件。

➢ Flash 和 Sound:存放网页中的 Flash 和声音文件。

2.3　工作后思考

(1) 以【工作过程二】中的 Default. aspx 为例,通过三种不同的视图方式(设计视图、拆分视图、源视图)查看该页面。

(2) 通过"ASP. NET 空网站"创建的新网站与通过"ASP. NET 网站"创建的新网站有什么不同?

(3) 通过网络了解.aspx,. html,.. css,. config 等文件的相关概念。

第 3 章　CSS 与母版

本章要点：● CSS 层叠样式表的定义及应用
　　　　　 ● 母版页的定义及应用
技能目标：● 在站点中添加 CSS 并应用
　　　　　 ● 在站点中添加母版页并修改母版

3.1　工作场景导入

【工作场景】

众诚数字科技有限公司需要开发一个网站以宣传、推广自己的公司及产品。该网站中共有约 20 个页面，要求这 20 个页面布局一致、风格统一。

本次任务的目的：根据客户要求确定 Web 网站的外观及风格。

【引导问题】

该公司网站共有 20 个页面，要保持网站整体的外观及风格一致，如果不借助任何工具却要进行大量重复的工作，当需要调整或修改时也会很不方便，且容易漏改或出错，这时就需要考虑借助某种工具来统一网站的外观及风格，其解决途径是利用母版及 CSS 层叠样式表。

在创建公司站点时默认生成 Site.css（层叠样式表文件）和 Site.master（母版文件），可修改这两个文件以符合网站主题与风格，修改后的母版界面如图 3-1 所示。

图 3-1　母版

下面介绍在该公司网站中如何修改 CSS 层叠样式表及母版。

3.2 工作过程与理论依据

【工作过程一】 打开并修改 CSS 层叠样式表

（1）启动 VS 并打开网站 zjc（第 2 章操作的保存位置为 E：\zjc）。

（2）在"解决方案资源管理器"中打开 Styles 文件夹，双击"Site. css"打开自动生成的层叠样式表。

（3）将光标定位在第 6 行#号后面，删除"b6b7bc"，输入"ffffff"，此设置将母版页背景色改为白色。

小 贴 士

◆ 如果打开的 Site. css 文件看不到行号怎么办？

① 单击"工具"菜单→选择"选项"，打开"选项"窗口，勾选"显示所有设置"，如图 3-2 所示。

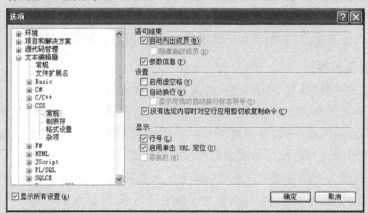

图 3-2 "选项"窗口

② 依次打开文本编辑器节点、CSS 节点，单击"常规"选项，勾选右边"行号"复选框，单击"确定"按钮。此时 CSS 编辑器显示行号。

◆ 行号有可能有 1～2 行的误差。

（4）将光标定位在第 8 行，在"font-family:"后添加"微软雅黑，黑体，"。

小 贴 士

　　输入时须注意，双引号不用输入，其中的逗号一定要在英文半角状态下输入。以下修改均须注意输入时保证英文半角状态（中文除外）。

　　（5）将第 16 行 # 号后面内容删除，输入"303030"，此设置将改变母版页超链接文字颜色。

　　（6）将第 91 行"960"改成"1000"，页面宽度改为 1000 像素。

　　（7）删除第 94 行（使 94 行成为空行以保证其他行行号不变），此设置删除整个页面的边框。

　　（8）将光标定位在第 102 行 # 号后面，删除"4b6c9e"，输入"ffffff"，此设置将母版页顶端背景色改为白色。

　　（9）将光标定位在第 147 行 # 号后面，删除"3a4f63"，输入"ffffff"，此设置将母版页菜单行背景色改为白色。

　　（10）删除第 166 行（使 166 行成为空行以保证其他行行号不变），此设置取消母版页菜单背景色的设置。

　　（11）删除第 167 行（使 167 行成为空行以保证其他行行号不变），此设置删除菜单的边框。

　　（12）将光标定位在第 168 行 # 号后面，删除"dde4ec"，输入"303030"，此设置将母版页菜单前景色改为深灰色。

　　（13）在 168 行后加一行，输入"font-size :1.35em;"，以设置菜单字号大小。

　　（14）将光标定位在第 267 行冒号后面，删除"white"，输入"#303030"，此设置将母版页"登录"模块前景色改为深灰色。

　　（15）在 297 行添加以下样式：

```
.tdItem
{
    font-family: 微软雅黑, 黑体;
    color: #303030;
    text-align: left;
    direction: ltr;
    vertical-align: bottom;
    font-size: 14pt;
```

```
    }

    .tdFooter
    {
        font-family：微软雅黑，黑体；
        color：#202020；
        text-align: center；
        direction：ltr；
        vertical-align: top；
        font-size：10pt；
    }

    .tdText
    {
        font-family：微软雅黑，黑体；
        color：#303030；
        text-align：left；
        direction：ltr；
        vertical-align：bottom；
        font-size：12pt；
        text-indent：2pc；
    }
```

（16）单击"保存"按钮。

此时层叠样式表文件修改完成，【工作过程二】将修改母版文件以实现图 3-1 所示效果。

 工作理论依据

3.2.1　CSS 简介

1. CSS 定义

HTML 标签原本被设计用于定义文档内容。通过使用 < h1 >、< p >、< table >等这样的标签，HTML 表达出"这是标题"、"这是段落"、"这是表格"之类的信息。同时文档布局由浏览器来完成，不使用任何格式化标签。

由于两种主要的浏览器(Netscape 和 Internet Explorer)不断地将新的 HTML 标签和属性(比如字体标签和颜色属性)添加到 HTML 规范中,使得创建文档内容越来越难以清晰地独立于文档表现层的站点。

为了解决这个问题,万维网联盟(W3C)等非营利的标准化联盟肩负起了 HTML 标准化的使命,并在 HTML 4.0 之外创造出样式(Style),所有的主流浏览器均支持层叠样式表。

CSS 目前最新版本为 CSS3,这是一种能够真正做到网页表现与内容分离的样式设计语言。它能够对网页中对象的位置排版进行精确控制,几乎支持所有的字体字号样式,并能够进行初步交互设计,是目前基于文本展示最优秀的表现设计语言。

2. CSS 基本语法

CSS 规则由两个主要部分构成:选择器及一条或多条声明。

　　选择器{声明 1; 声明 2; …;声明 N }

选择器是需要改变样式的 HTML 元素。每条声明由一个属性和一个值组成。属性和值被冒号分开,声明和声明之间用分号隔开。例如:

　　h1 {color:green; font-size:20px;}

其中,h1 是选择器,color 和 font-size 是属性,green 和 20px 是属性值。代码的作用是将 h1 元素内的文字颜色定义为绿色,同时将字体大小设置为 20 像素。

颜色值除了可用英文单词表示外,还可以用十六进制数表示,如上例可写成

　　h1 {color:#00ff00; font-size:20px;}

大多数样式表不止包含一条规则,而大多数规则不止包含一个声明。应该尽量在每行只描述一个属性,这样可以增强样式定义的可读性。例如:

```
body {
    background：#ffffff;
    font-size：.80em;
    font-family：微软雅黑，黑体；
    margin：0px；
    padding：0px；
    color：#696969；
}

a:link, a:visited{
```

```
        color：#303030；
    }


    a：hover{
        color：#1d60ff；
        text-decoration：none；
    }
```

样式表是否包含空格不会影响 CSS 在浏览器中的工作效果。与 HTML 不同，CSS 对大小写不敏感。不过有一个例外：如果 CSS 与 HTML 文档一起工作，class 和 id 名称对大小写是敏感的。

3. 常用选择器类型

1）类选择器

类选择器前面以“.”来标志，如：

```
    .tdItem {
        font-family：微软雅黑，黑体；
        color：#303030；
    }
```

在 HTML 中，元素可以定义一个 class 的属性。例如：

```
        < td class = " tdItem" >
```

这个单元格字体颜色为灰色，字体为微软雅黑。

```
        < /td >
```

同时，可以再定义一个元素：

```
        < p class = " tdItem" >
```

这个段落字体颜色为灰色，字体为微软雅黑。

```
        < /p >
```

用浏览器浏览时，就可以发现所有 class 为 tdItem 的元素都应用了这个样式。

2）标签选择器

一个完整的 HTML 页面是由很多不同的标签组成的，而标签选择器则可决定哪些标签采用相应的 CSS 样式。假设在 style. css 文件中对 p 标签样式的声明如下：

```
p {
    background：#ffffff；
    font-size：12px；
    font-family：微软雅黑，黑体；
    color：#696969；
}
```

那么在应用代码后页面中所有 p 标签的背景都为白色，文字大小均为 12px，颜色为灰色。在后期维护中，如果想改变整个网站中 p 标签背景的颜色，只须修改 background 属性，非常方便。

3）ID 选择器

根据元素 ID 来选择元素，该方法具有唯一性。前面以"#"号来标识，在样式中可以这样定义：

```
#tdItem {
    color:#ff0000；
}
```

表示设置 ID 为 tdItem 的元素的字体颜色为红色。

若页面上定义一个元素时把它的 ID 定义为 tdItem，如：

```
< td  id = "tdItem" >
单元格
< /td >
```

当用浏览器浏览时，可以看到单元格内的字体颜色变成了红色。再定义一个区域，如：

```
< td >
单元格
< /td >
```

当用浏览器浏览时，区域没有应用样式，所以区域中的字体颜色是默认的黑色。

4. CSS 使用方法

使用样式表有三种方法，每一种方法均有其优缺点。

（1）外部样式：将网页链接到外部样式表。

当在站点所有或部分网页上应用相同的样式时，可使用外部样式表，将这些外部样式表链接到需要应用这些样式的网页，确保相关网页外观的一致性。如果需要更改样式，只需在外部样式表中修改一次，这些修改就会应用到所有与该样式表相链接的网页上。外部样式表以.css 作为文件扩展名,在页面中用 < link href = " ~/Styles/Site. css" rel = " stylesheet" type = " text/css" / >语句将其链接进来。

(2) 页内样式:在网页上创建嵌入的样式表。

当只需要定义当前网页的样式时,可使用嵌入的样式表。嵌入的样式表是一种级联样式表,放在网页的 < head > 标记符内。嵌入样式表只能在同一网页上使用。例如:

```
< head runat = " server" >
< meta http-equiv = " Content-Type"  content = " text/html; charset = utf-8" / >
    < title > 新建网页 </ title >
    < style type = " text/css" >
       . style1
       | width: 100% ;
       |
       . style2
       | height: 30px;
       |
    </ style >
</ head >
```

(3) 行内样式:应用内嵌样式到各个网页元素。例如:

```
< td width = " 100px"  style = " background-image: url ('/zjc/Pictures/
TableTLPic. png')" >   </ td >
```

行内样式只对样式所在元素起作用,样式代码利用率最低。

样式通常保存在外部的 . css 文件中。仅仅通过编辑一个简单的 CSS 文档外部样式表,就可同时改变站点中所有页面的布局和外观。

【工作过程二】 打开并修改母版文件

(1) 打开站点 zjc。

(2) 在"解决方案资源管理器"中双击 Site. master 文件,在工作区中打开该文件。

(3) 将工作区切换至"设计"视图。

(4) 单击左上角"h1"标签,按【Delete】键删除"h1"标签,标签位置如图 3-3 所示。

图 3-3　h1 标签位置

（5）将左侧工具箱中的"Image"控件拖至刚刚删除的"h1"标签处，如图 3-4 所示。

图 3-4　Image 控件位置

（6）在属性窗口中设置当前对象为刚添加的"Image1"控件，如图 3-5 所示。

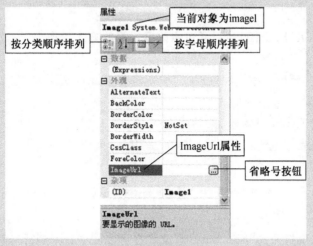

图 3-5　属性窗口

（7）单击 ImageUrl 属性右边的"省略号"按钮，打开"选择图像"窗口，如图 3-6 所示。

图 3-6 "选择图像"窗口

(8) 双击左栏"项目文件夹"中的 Pictures 文件夹,选中右栏"文件夹内容(C):"中的"ZClogo.png"文件。

(9) 单击"确定"按钮。

小 贴 士

◆ **步骤(1)至(8)也可通过修改源代码的方式实现**

具体步骤如下:

① 在"解决方案资源管理器"中双击 Site.master 文件,在工作区中打开该文件。

② 将工作区切换至"源"视图。

③ 将光标定位至 17 行,删除 17 - 19 行,换成以下代码:

```
16      <div class="title">
17
18          <asp:Image ID="Image1" runat="server" ImageUrl="~/Pictures/ZClogo.png" />
19
20      </div>
```

◆ **如果打开的"Site.master"文件在源视图中看不到行号怎么办?**

① 单击"工具"菜单→选择"选项",打开"选项"窗口,勾选"显示所有设置",如图 3-7 所示。

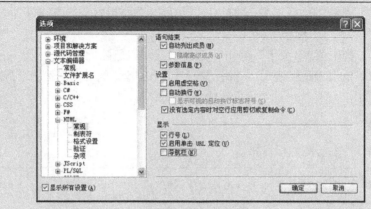

图 3-7 "选项"窗口

② 展开文本编辑器→展开 HTML→单击"常规"→选中右边"行号"选项→单击"确定"按钮。此时"源"编辑器显示行号。

③ 单击"确定"按钮。

（10）单击菜单"关于"右边的小按钮，如图 3-8 所示。

图 3-8 智能按钮

（11）选择"编辑菜单项..."，打开"菜单项编辑器"窗口，单击左栏"项"中的"主页"菜单以修改此菜单，如图 3-9 所示。

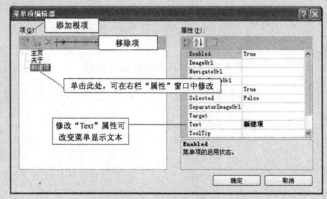

图 3-9 菜单项编辑器

（12）删除"Text"属性中的"主页"，输入"公司首页"，修改"Naviga-teUrl"属性为"～/Default. aspx"。

（13）选中菜单"关于"，单击"移除项"按钮以删除此菜单。

（14）单击"添加根项"按钮，修改"Text"属性为"公司简介"，修改"NavigateUrl"属性为"～/CompanyIntroduction. aspx"。

"～"号表示网站根目录。

（15）以相同方法添加表 3-1 中所列菜单项。

表 3-1　菜单设置

菜单项	Text 属性	NavigateUrl 属性
新闻动态	新闻动态	～/CompanyNews. aspx
服务领域	服务领域	～/Services. aspx
成功案例	成功案例	～/SuccessfulCases. aspx
人才招聘	人才招聘	～/PersonnelRecruitment. aspx
联系我们	联系我们	～/ContactUs. aspx
数据管理	数据管理	～/ManageData/ManageData. aspx

（16）单击"MainContent"，按【Delete】键删除 MainContent 控件，如图 3-10 所示。

图 3-10　MainContent 控件位置

（17）单击"表"菜单，选择"插入表"选项，参数按图 3-11 所示进行设置。

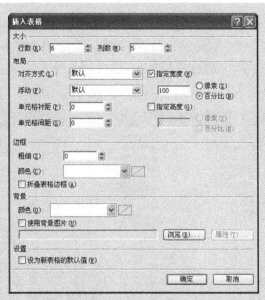

图 3-11 表格属性设置

（18）将光标定位在第 1 行第 1 列单元格中，属性窗口中显示该单元格属性，修改 Height 属性为"30px"、Width 属性为"50px"，用同样的方法将第 1 行第 2 列、第 1 行第 4 列单元格 Width 属性设置为"100px"，第 1 行第 5 列单元格 Width 属性设为"50px"，第 3 行第 1 列单元格 Height 属性设置为"30px"。

要注意属性窗口中当前对象为＜TD＞，如图 3-12 所示。

图 3-12 属性窗口

（19）将光标定位在第 1 行第 2 列，单击属性窗口中 Style 属性右边的省略号按钮，打开"修改样式"窗口，在类别中选中"背景"，单击 background-image 右边的"浏览"按钮，在"图片"窗口中选择"Pictures"文件夹下的"TableTLPic. png"文件，如图 3-13 所示，单击"确定"按钮。

图 3-13 "图片"窗口

（20）用同样的方法，按表 3-2 将单元格背景图片设置成所列单元格背景。

表 3-2 单元格背景图片

第 1 行第 3 列	TableTPic. png
第 1 行第 4 列	TableTRPic. png
第 2 行第 2 列	TableLPic. png
第 2 行第 4 列	TableRPic. png
第 3 行第 2 列	TableBLPic. png
第 3 行第 3 列	TableBPic. png
第 3 行第 4 列	TableBRPic. png

（21）将工具箱中的 ContentPlaceHolder 控件拖拽至第 2 行第 3 列单元格中，在属性窗口中修改 ID 属性为"MainContent"。

（22）选中第 5 行第 2 列、第 5 行第 3 列、第 5 行第 4 列三个单元，右击弹出快捷菜单，选择"修改"，在子菜单中选择"合并单元格"。

（23）将工具箱中的 ContentPlaceHolder 控件拖拽至合并单元格中，在属性窗口中修改 ID 属性为"InfoContent"。

（24）将光标定位在 div.footer 位置，如图 3-14 所示。

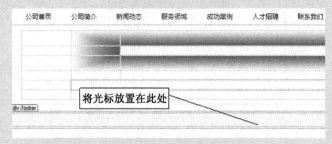

图 3-14　表的插入位置

（25）单击菜单"表"，选择"插入表"，参数按图 3-15 进行设置。

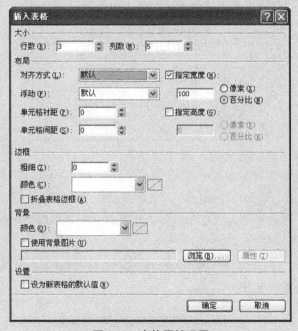

图 3-15　表格属性设置

（26）将第 1 行第 1 列单元格的 Height 属性设为"30px"、Width 属性设为"200px"，将第 1 行第 2 列、第 1 行第 4 列单元格 Width 属性设为"100px"、

第 1 行第 5 列单元格 Width 属性设为"200px"。将第 2 行第 1 列单元格 Height 属性设为"20px",第 3 行第 1 列单元格 Height 属性设为"30px。"

（27）用与步骤(18)相同的方法依据表3-3 设置下列单元格背景。

表3-3 单元格背景图片

第1行第2列	PBLPic. png
第1行第3列	PBMPic. png
第1行第4列	PBRPic. png
第2行第2列	PBBLPic. png
第2行第3列	PBBMPic. png
第2行第4列	PBBRPic. png

（28）拖动 HyperLink 控件至第 2 行第 3 列单元格中,在属性窗口中修改 NavigateUrl 属性为"~/CompanyIntroduction.aspx",Text 属性为"关于我们",用同样的方法依据表3-4 再添加 3 个超链接。

表3-4 超链接属性设置

Text 属性	NavigateUrl 属性
联系方式	~/ContactUs. aspx
信息反馈	~/InformationFeedback. aspx
友情链接	~/LinkPopularity. aspx

（29）在超链接之间插入 16 个空格符" "。

（30）在第 3 行第 3 列中输入"Copyright@ 镇江众诚数字科技有限公司 2013 – 2014,All Rights Reserved"。至此,母版效果如图 3-1 所示。

（31）按照同样的方法在 ManageData 文件夹下建母版页 Manage. master,供数据管理页面使用,如图 3-16 所示。

图3-16 数据管理页面模板

（32）单击"全部保存"按钮。

至此,母版设置工作全部完成。

工作理论依据

3.2.2　母版

1. 定义

使用 ASP. NET 母版页可以为 Web 应用程序中的所有页创建一致的布局。单个母版页可以为应用程序中的所有页(或一组页)定义所需的外观和标准行为,然后可以创建包含要显示内容的各个内容页。当用户请求内容页时,这些内容页与母版页合并,将母版页的布局与内容页的内容组合在一起输出。母版文件扩展名为. master(如 Site. master),它具有可包含静态文本、HTML 元素和服务器控件的预定义布局。

Master Page 是一张为其他页面设计的普通 HTML 模版页。@ Master 指令将它定义为一张 Master Page。

```
< %@ Master Language = " VB"  AutoEventWireup = " false"
    CodeFile = " Site. Master. vb"  Inherits = " Site"  % >
```

母版页为普通页面的内容包含了占位符标签 < asp:ContentPlaceHolder >。母版页可以包含一个或多个 ContentPlaceHolder 控件,这些控件定义可替换内容出现的区域,接着在内容页中定义可替换内容。定义 ContentPlaceHolder 控件后,母版页包含如下类似代码:

```
< asp:ContentPlaceHolder ID = " Main"  runat = " server"  / >
< asp:ContentPlaceHolder ID = " Footer"  runat = " server"  / >
```

一个内容页通过 @ Page 指令将内容页绑定到母版页,如:

```
< %@ Page Language = " VB"
    MasterPageFile = " ~/MasterPages/Master1. master"
    Title = " Content Page"  % >
```

2. 母版页的优点

母版页具有以下优点:

➢ 使用母版页可以集中处理页的通用功能,以便只在一个位置上进行更新。

➢ 使用母版页可以方便地创建一组控件和代码,并将结果应用于一组页。例如,可以在母版页上使用控件来创建一个应用于所有页的菜单。

➢ 通过允许控制占位符控件的呈现方式,母版页可在细节上控制最终页的布局。

➤ 母版页提供一个对象模型,使用该对象模型可以从各个内容页自定义母版页。

3.2.3 常用 ASP.NET 服务器控件

ASP.NET 提供了大量的控件,这些控件能够轻松实现交互复杂的 Web 应用功能。在传统的 ASP 开发中,代码的重用率太低,事件代码和页面代码不能很好地分开。而 ASP.NET 很好地解决了这两个问题,对于初学者而言,控件简单易用,能够轻松上手。另外,ASP.NET 服务器控件提供更加统一的编程接口,隐藏了客户端的不同,这样程序员可以将更多的精力放在业务上,而不用去考虑客户端的浏览器是 IE、Firefox,还是移动设备。

ASP.NET 有强大的控件库,内有标准控件、HTML 控件、数据控件、有效性验证控件、导航控件、WebParts、登录控件等。

HTML 控件看上去与标准控件有些类似,但功能比标准控件少很多,它是客户端控件,可以通过 JavaScript 和 VBScript 等脚本语言来控制,但通过向它们添加 runat = "server" 特性,就可以将其提供给服务器端代码。当 ASP.NET 网页执行时,会检查标记有无 runat 属性。如果标记没有设置 runat = "server" 属性,那么 HTML 标记就会被视为字符串,并被送至字符串流等待送往客户端,客户端的浏览器将对其进行解释;如果 HTML 标记有 runat = "server" 属性,Page 对象会将该控件放入控制器,服务器端的代码就能对其进行控制,等到控制执行完毕后再将 HTML 服务器控件的执行结果转换成 HTML,然后发送到客户端进行解释。

HTML 控件的事件处理都在客户端,而 ASP.NET 服务器控件的事件处理则在服务器端,举例来说:

< input id = "Button1" type = "button" value = "button" runat = "server"/ > 是 HTML 服务器控件,此时单击此按钮,页面不会回传到服务器端,原因是这里没有为其定义鼠标单击事件。

< input id = "Button1" type = "button" value = "button" runat = "server" onserverclick = "test"/ > 为 HTML 服务器控件添加了一个 onserverclick 事件,单击此按钮,页面会发回服务器端,并执行 test 方法。

< asp:Button ID = "Button1" runat = "server" Text = "Button"/ > 是 ASP.NET 服务器控件,并且没有为其定义 click 事件,但单击该按钮时,页面仍会发回到服务器端。

由此可见,HTML 标注和 HTML 服务器控件的事件由页面触发,而 ASP. NET 服务器控件则由页面把 Form 发回到服务器端,由服务器来处理。

ASP. NET 服务器控件可以将状态保存到 ViewState 里,这样页面在从客户端回传到服务器端或者从服务器端下载到客户端的过程中都可以保存。

下面介绍几个常见的 ASP. NET 标准控件。

1. TextBox 控件

TextBox 控件为用户提供了一种向 ASP. NET 网页中键入信息(包括文本、数字和日期)的方法。常见 TextBox 属性见表 3-5。

表 3-5　常见 TextBox 属性

属　性	描　述
Text	指定 TextBox 中显示的默认文本
MaxLength	指定用户可在 TextBox 中输入的最大字符数(MaxLength 属性在多行文本框中不起作用)

通过设置 TextMode 属性,可将 TextBox 控件配置为多种形式,见表 3-6。

表 3-6　TextBox 控件的 TextMode 属性设置

TextMode 属性	描　述
Single-line	用户只能在一行中键入信息,也可以选择限制控件接受的字符数
Password	与单行 TextBox 控件类似,但用户键入的字符将以星号(＊)屏蔽,以隐藏这些信息
Multiline	用户在显示多行并允许换行的框中键入信息

小　贴　士

◆ Password 模式不能保证 100％安全

使用有密码设置的 TextBox 控件,将有助于确保其他人员在观察用户输入密码时无法确知该密码。但是,输入的密码文本没有以任何方式进行加密,不能保证 100％安全,因此应该像保护其他机密数据那样对其进行保护。

2. Label 控件

Label 控件提供了一种在 ASP. NET 网页中以编程方式设置文本的方法。如果想在运行时更改网页中的文本(比如响应按钮单击时),通常可以使用

Label 控件。常见 Label 控件属性见表 3-7。

表 3-7 常见 Label 控件属性

属　　性	描　　述
Text	指定标签中显示的文本
AssociatedControlID	指定要以 Label 控件为标题的控件 ID

3．Image 控件

使用 Image 控件，可以在 ASP. NET 网页上显示图像，并用代码管理这些图像。常见 Image 控件属性见表 3-8。

表 3-8 常见 Image 控件属性

属　　性	描　　述
Height，Width	在网页上为图形保留空间。当图形在网页上呈现时，将根据保留的空间相应地调整图形大小
ImageAlign	使用如 Top，Bottom，Left，Middle 和 Right 这样的值将图像与环绕文本对齐。在代码中，可以使用 ImageAlign 设置图像的对齐方式
AlternateText	在图形无法加载的情况下，显示文本来替代图形

用户可以在设计或运行时以编程方式为 Image 控件指定图形文件，还可以将控件的 ImageUrl 属性绑定至一个数据源，以根据数据库信息显示图形。

与其他大多数 ASP. NET 控件不同，Image 控件不支持任何事件。例如，Image 控件不会响应鼠标单击。实际上，可以通过使用 ImageMap 或 ImageButton 等 ASP. NET 控件来创建交互式图像。

4．Hyperlink 控件

HyperLink 控件可用于在网页上创建链接，使用户在 Web 应用程序中的各个网页之间移动。HyperLink 控件显示可单击的文本或图像。与大多数 ASP. NET 控件不同，用户单击 HyperLink 控件并不会在服务器代码中引发事件，此控件只起导航的作用。常见 Hyperlink 控件属性见表 3-9。

表 3-9　常见 HyperLink 控件属性

属　性	描　述
Text	指定要在用户的浏览器中显示为超链接的文本,可以在该属性中包含 HTML 格式设置
CssClass	指定超链接的样式。当使用 Microsoft Expression Web CSS 工具对控件应用样式时,此属性将自动更新
ImageUrl	将此属性设置为.gif,.jpg 或其他 Web 图形文件的 URL 时,将创建一个图形链接。如果同时设置了 ImageUrl 和 Text 属性,则 ImageUrl 属性的优先级较高
NavigateUrl	指定要链接到的网页的 URL
Target	指示要在其中显示链接网页的目标窗口或框架 ID,可以通过名称指定窗口,也可以使用预定义的目标值(如"_top","_parent"等)来指定

　　HyperLink 控件的主要优点是可以在服务器代码中设置链接属性。例如,可以基于网页中的条件动态更改链接文本或目标网页。

　　HyperLink 控件的另一个优点是,可以使用数据绑定来指定链接的目标 URL(以及必要时与链接一同传递的参数)。一个典型实例是基于产品列表创建 HyperLink 控件,目标 URL 指向用户可以阅读有关产品的更为详细信息的网页。

　　5. Menu 控件

　　利用 Menu 控件,可以开发 ASP.NET 网页的静态和动态显示菜单。在 Menu 控件中可以直接配置其内容,也可通过该控件绑定的数据源来指定其内容。Menu 控件的外观、方向和内容无需代码便可控制。

　　Menu 控件有两种显示模式,即静态模式和动态模式,通过在"设计"视图中选择动态菜单或静态菜单可显示 Menu 控件。静态显示意味着 Menu 控件始终是完全展开的,整个结构都是可视的,用户可以单击任何部位。而在动态显示的菜单中,只有指定的部分是静态的,当用户将鼠标指针放置在父节点上时才会显示其子菜单项。

　　Menu 控件的 StaticDisplayLevels 属性指定从根菜单算起静态显示的菜单的层数。如果将 StaticDisplayLevels 设置为 2,菜单将以静态显示的方式展开其前两层。静态显示的最小层数为 1,如果将该值设置为 0 或负数,Menu 控件将会引发异常。

　　MaximumDynamicDisplayLevels 属性指定在静态显示层后应显示的动态显示菜单节点层数。如果菜单有三个静态层和两个动态层,则菜单的前三层静态显示,后两层动态显示。如果将 MaximumDynamicDisplayLevels 设置为 0,则不会动态显示任何菜单节点。如果将 MaximumDynamicDisplayLevels 设置为负数,则会引发异常。

一般可通过两种方式定义 Menu 控件的内容:① 添加单个 MenuItem 对象(以声明方式或编程方式);② 用数据绑定的方法将该控件绑定到 XML 数据源。

下面仅以声明方式为例声明一个有三个菜单项,每个菜单项有两个子项的菜单:

```
< asp:Menu ID = " Menu1" runat = " server" StaticDisplayLevels = " 3" >
< Items >
< asp:MenuItem Text = " File" Value = " File" >
< asp:MenuItem Text = " New" Value = " New" > </asp:MenuItem >
< asp:MenuItem Text = " Open" Value = " Open" > </asp:MenuItem >
</asp:MenuItem >
< asp:MenuItem Text = " Edit" Value = " Edit" >
< asp:MenuItem Text = " Copy" Value = " Copy" > </asp:MenuItem >
< asp:MenuItem Text = " Paste" Value = " Paste" > </asp:MenuItem >
</asp:MenuItem >
< asp:MenuItem Text = " View" Value = " View" >
< asp:MenuItem Text = " Normal" Value = " Normal" > </asp:MenuItem >
< asp:MenuItem Text = " Preview" Value = " Preview" > </asp:MenuItem >
</asp:MenuItem >
</Items >
</asp:Menu >
```

6. PlaceHolder 控件

使用 PlaceHolder 控件可以将空容器控件放到网页中,然后在运行时动态添加、删除或遍历各子元素。该控件只呈现其子元素,它本身并没有基于 HTML 的输出。

例如,PlaceHolder 控件可根据用户选择的选项改变网页上显示的按钮数目,这样用户就不会面对可能导致其混乱的选择,即那些要么不可用,要么与其自身需要无关的选择。此时使用 PlaceHolder 控件可方便地添加或移除控件。

如果要在运行时动态添加、删除或遍历所有控件,可向网页中添加一个

PlaceHolder 控件。

7. ContentPlaceHolder 控件与 Content 控件

ContentPlaceHolder 控件：在 ASP. NET 母版页中定义内容区域，并呈现内容页中相关 Content 控件中的所有文本、标记和服务器控件。

Content 控件：保存文本、标记和服务器控件以呈现给母版页中的 Content-PlaceHolder 控件。

Content 控件用 ContentPlaceHolderID 属性与 ContentPlaceHolder 相关联。在一个母版页中可以声明多个 ContentPlaceHolder。

通俗地讲，ContentPlaceHolder 控件是一个容器控件，存在于母版页中，用来在不同的普通页中存放不同的内容控件。Content 控件是内容页的内容和控件的容器。

3.3 工作后思考

（1）使用外部样式表在哪些方面优于内嵌样式表？

（2）编写一个 CSS 规则，将站点中所有一级标题的外观改为微软雅黑字体、蓝色，大小为 18 px，上边框和左边框为蓝色细边。

（3）下面两个规则中，哪个规则比较容易在 Web 站点中跨页面重用？请解释原因。

```
#MainContent
{
Border:1px solid blue;
}

.BoxWithBorders
{
Border:1px solid blue;
}
```

（4）ContentPlaceHolder 与 Content 控件之间的区别是什么？在母版和内容页中使用哪个控件？

（5）如何将内容页中的 Content 控件与母版页中的 ContentPlaceHolder 关联起来？

（6）简述 HTML 服务器控件和 HTML 元素的区别与联系。

（7）什么是服务器控件？能完成什么样的功能？

第4章 制作内容页

本章要点:● 母版、CSS 及控件的应用

技能目标:● 基于母版创建页面

　　　　　　● 向页面添加 CSS

　　　　　　● 在页面中添加控件

4.1 工作场景导入

【工作场景】

众诚数字科技有限公司需要开发一个网站以宣传、推广自己的公司及产品,现已创建好母版及 CSS。

本次任务的目的:基于母版 Site. master 创建网站首页,并在页面中应用 CSS、添加控件。

【引导问题】

在新建的页面中将展示公司产品动画、公司简介、服务领域、新闻动态等,需要考虑用哪些控件展示这些内容。本章工作任务将介绍如何向 ContentPlaceHolder中添加各种控件并进行设置,关于数据库控件将在后续章节中介绍。

现介绍如何创建公司首页。首页中需要添加三方面的内容:① 公司宣传动画;② 公司简介;③ 案例展示。由于案例展示需要数据库控件,因此该部分将在后续章节中介绍。

4.2 工作过程与理论依据

【工作过程一】 创建网站首页

(1)打开网站 zjc。

(2)在“解决方案资源管理器”窗口中删除 Default. aspx 页面。

（3）右击网站根目录,在快捷菜单中选择"添加新项",打开"添加新项"窗口。

小　贴　士

◆ "添加新项"窗口说明

① 网站首页是普通动态. aspx 页面,因此从模板列表中选中"Web 窗体"。

② 名称:网站首页名称通常为 default 或 index,后缀名有. aspx,. asp,. htm 等。

③ "将代码放在单独的文件中"复选框的作用:让界面和代码分离,界面设计和后台代码的编写工作可同时进行而不相互影响。

（4）选中"Web 窗体",将页面名称命名为"Default. aspx",注意要勾选"选择母版页",如图 4-1 所示。

图 4-1　创建新页面窗口

（5）单击"添加"按钮,打开"选择母版页"窗口,选中 Site. master 母版,单击"确定"按钮打开 Default. aspx 页面的源视图,如图 4-2 所示。

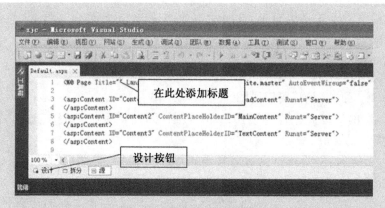

图 4-2　页面源视图

（6）在代码页第 1 行 Title 后面的双引号中输入"公司首页"。

依此方法，创建以下基于母版的空页面：

~/CompanyIntroduction.aspx，~/CompanyNews.aspx，~/Services.aspx，
~/SuccessfulCases.aspx，~/PersonnelRecruitment.aspx，~/ContactUs
.aspx，~/InformationFeedback.aspx，~/LinkPopularity.aspx，~/ShowCase
.aspx

（7）单击"存盘"按钮。

至此，一个空白的公司首页就创建完毕了。

 工作理论依据

4.2.1　母版页与内容页之间的关系

母版页仅仅是一个页面模板，单独的母版页是不能被用户访问的，单独的内容页也不能使用。母版页和内容页之间有着严格的对应关系。母版页中包含多少个 ContentPlaceHolder 控件，内容页中就必须设置多少个与其相对应的 Content 控件。当客户端浏览器向服务器发出请求，要求浏览某个内容页面时，ASP.NET 引擎将同时执行内容页和母版页的代码，并将最终结果发送给客户端浏览器。

母版页和内容页的运行过程可以概括为以下 5 个步骤：

（1）用户通过键入内容页的 URL 来请求某页。

（2）获取内容页后，读取 @ Page 指令。如果该指令引用一个母版页，则

读取该母版页。如果是第一次请求这两个页面,则两个页面都要进行编译。

（3）母版页合并到内容页的控件树中。

（4）各个 Content 控件的内容合并到母版页中相应的 ContentPlaceHolder 控件中。

（5）呈现得到的结果页。

事件顺序如下：

（1）母版页中控件 Init 事件；

（2）内容页中 Content 控件 Init 事件；

（3）母版页 Init 事件；

（4）内容页 Init 事件；

（5）内容页 Load 事件；

（6）母版页 Load 事件；

（7）内容页中 Content 控件 Load 事件；

（8）内容页 PreRender 事件；

（9）母版页 PreRender 事件；

（10）母版页控件 PreRender 事件。

（11）内容页中 Content 控件 PreRender 事件。

4.2.2　ASP. NET 的网页代码模型

ASP. NET 页面有两种模型：一种是单文件页模型,另一种是代码隐藏页模型。这两个模型的功能完全一样,都支持控件的拖拽以及智能代码生成。

1. 单文件页模型

单文件页模型中的所有代码,包括控件代码、事务处理代码以及 HTML 代码全都包含在. aspx 文件中。编程代码在 script 标签中,并使用 runat = " server" 属性标记。

在创建 ASP. NET 页面时,不选中"将代码放在单独的文件中"复选框即可创建单文件页模型的 ASP. NET 文件。创建后文件会自动创建相应的 HTML 代码,以便页面的初始化。示例代码如下所示：

```
< %@ Page Language = " VB" % >
<! DOCTYPE html PUBLIC " –//W3C//DTD XHTML 1.0 Transitional//EN"
" http://www. w3. org/TR/xhtml1/DTD/xhtml1 – transitional. dtd" >
< script runat = " server" >
```

```
</script >
< html xmlns = " http://www. w3. org/1999/xhtml" >
< head runat = " server" >
    < title > </title >
</head >
< body >
    < form id = " form1"  runat = " server" >
    < div >
    </div >
    </form >
</body >
</html >
```

编译并运行上述代码,即可生成一个空白的页面。在创建并生成 ASP. NET 单文件页模型时,开发人员编写的类将编译成程序集,并将该程序集加载到应用程序域,对该页的类进行实例化后输出到浏览器。可以说,. aspx 页面的代码也即将生成一个类,并包含内部逻辑。当浏览器浏览该页面时,. aspx 页面的类实例化并输出到浏览器,反馈给浏览者。

2. 代码隐藏页模型

与单文件页模型不同的是,代码隐藏页模型将事务处理代码都存放在 vb 文件中,当运行 ASP. NET 网页,ASP. NET 类生成时会先处理 vb 文件中的代码,再处理. aspx 页面中的代码,这种过程被称为代码分离。

代码分离有一种好处,就是在. aspx 页面中,开发人员可以将页面直接作为样式来设计,即美工人员也可以设计. aspx 页面,而. vb 文件由程序员来完成事务处理。将 ASP. NET 中的页面样式代码和逻辑处理代码分离不仅能够让维护变得简单,同时也让代码看上去非常有条理。在. aspx 页面中,代码隐藏页模型的. aspx 页面代码基本上和单文件页模型的代码相同,不同的是在 script 标记中的单文件页模型的代码被默认放在了同名的. vb 文件中,. aspx 文件示例代码如下所示:

```
< % @  Page  Language = " VB"  AutoEventWireup = " false"  CodeFile =
" Default. aspx. vb" Inherits = " _Default"  % >

< ! DOCTYPE html PUBLIC  " - //W3C//DTD XHTML 1. 0 Transitional//EN"
" http://www. w3. org/TR/xhtml1/DTD/xhtml1 - transitional. dtd"  >
```

```
< html xmlns = " http://www. w3. org/1999/xhtml" >
< head runat = " server" >
    < title > </title >
</head >
< body >
    < form id = " form1"  runat = " server" >
    < div >


    </div >
    </form >
</body >
</html >
```

　　从上述代码中可以看出,在头部声明时,单文件页模型只包含 Language =
" VB" ,而代码隐藏页模型包含了 CodeFile = " Default. aspx. vb" ,说明被分离出
去处理事务的代码被定义在 Default. aspx. vb 中,ASP. NET 代码隐藏页模型的
运行过程比单文件页模型要复杂。

　　下面将在 Default. aspx 页面中添加公司宣传动画和公司简介两方面的内
容。公司宣传动画添加后效果如图 4-3 所示。

图 4-3　公司宣传动画效果

【工作过程二】 添加公司宣传动画

(1)打开 Default. aspx 页面,切换到源视图,将光标定位在第 6 行行首,如图 4-4 所示。

图 4-4 动画代码添加处

(2)输入以下代码:

```
< object classid = " clsid : D27CDB6E - AE6D - 11cf - 96B8 - 444553540000"
codebase = " http://download. macromedia. com/pub/shockwave/cabs/
flash/swflash. cab#version = 8,0,0,0"
width = " 800"  height = " 450"  id = " FLVPlayer" >
    < param name = " movie"  value = " FLVPlayer_Progressive. swf" / >
    < param name = " salign"  value = " lt" / >
    < param name = " quality"  value = " high" / >
    < param name = " scale"  value = " noscale" / >
    < param name = " FlashVars"  value = " &MM_ComponentVersion = 1
        &skinName = Corona_Skin_3&streamName = Videos/0214010500
        &autoPlay = true&autoRewind = true" / >
    < embed src = " FLVPlayer_Progressive. swf"
        flashvars = " &MM_ComponentVersion = 1&skinName = Corona_Skin_3
            &streamName = Videos/0214010500&autoPlay = true
            &autoRewind = true"  quality = " high"  scale = " noscale"
            width = " 800" height = " 450" name = " FLVPlayer" salign = " LT"
            type = " application/x − shockwave − flash"
            pluginspage = " http://www. macromedia. com/go/
                        getflashplayer" / >
</object >
```

小 贴 士

◆ **代码说明**

① < object > 标签定义一个嵌入的对象, 如图像、音频、视频、Java Applets、ActiveX、PDF 以及 Flash。classid 和 codebase 属性必须精确地按给出的代码书写, 它们告知浏览器自动下载 Flash Player 的地址。如果用户没有安装过 Flash Player, 那么 IE 3.0 及更高版本的浏览器会跳出一个"是否要自动安装 Flash Player"提示框。

② width = " 800 "、height = " 450 ": 设置播放器宽度为 800px, 高度为 450px。

③ 字符串"Videos/0214010500"是视频位置及名称。

④ < embed > 标签用于 Netscape Navigator 2.0 及更高版本的浏览器或其他支持 Netscape 插件的浏览器。pluginspage 属性指定浏览器下载 Flash Player 的地址, 如果之前没有安装过 Flash Player, 安装完毕后需要重启浏览器才能正常使用。

⑤ 为了确保大多数浏览器能正常显示 Flash, 需要把 < embed > 标签嵌套放在 < object > 标签内。支持 ActiveX 控件的浏览器将会忽略 < object > 标签内的 < embed > 标签。Netscape 和使用插件的 IE 浏览器将只读取 < embed > 标签而不识别 < object > 标签。也就是说, 如果省略了 < embed > 标签, 那么 Firefox 就不能识别 Flash 了。

(3) 存盘。

(4) 单击工具栏中的"运行"按钮以查看插入动画后的效果。

小 贴 士

◆ **简化以上代码插入工作**

上述步骤(2)中输入的代码很长, 插入时容易出错, 为了简化, 可以在 Dreamweaver 中自动产生代码, 然后复制粘贴过来即可, 具体步骤如下:

① 运行 Dreamweaver 并新建一个空白网页。

② 选择菜单"插入"→"媒体"→"FLV"。

③ 将新网页保存在"zjc"文件夹中, 随即打开"插入 FLV"窗口。

④ 单击"浏览"按钮以选择视频"0214010500.flv"。

⑤ 在"外观"下拉列表中选择"Corona Skin 3",宽度设置为"800",高度设置为"450";选中"自动播放""自动重新播放"复选框,如图 4-5 所示。

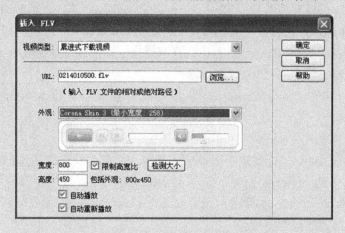

图 4-5　插入 FLV 窗口

⑥ 单击"确定"按钮。

⑦ 在工作区内将视图切换为"代码"视图。

⑧ 复制 < object > 标记之间的代码,如图 4-6 所示。

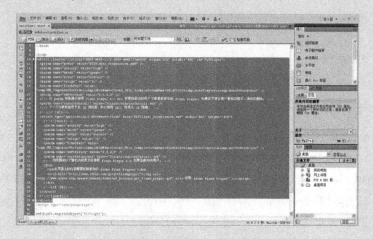

图 4-6　插入 FLV 的代码

至此代码自动产生。

Dreamweaver 中产生的代码稍微复杂些,这是因为它考虑了在非 IE 浏览器中播放的情形。

 工作理论依据

如果要在网页中正常显示 Flash 内容,那么页面中必须要有指定 Flash 路径的标签,也就是 < object > 和 < embed > 标签。< object > 标签用于 Windows 平台的 IE 浏览器,而 < embed > 标签用于 Windows 和 Macintosh 平台下的 Netscape Navigator 浏览器以及 Macintosh 平台下的 IE 浏览器。Windows 平台下的 IE 利用 ActiveX 控件来播放 Flash,而其他的浏览器则使用 Netscape 插件技术来播放 Flash。

4.2.3 < object > 标签

< object > 标签定义一个嵌入的对象。使用此元素可向 HTML 页面添加多媒体。此元素规定插入 HTML 文档的对象的数据和参数,以及可用来显示和操作数据的代码。

< object > 标签用于包含对象,如图像、音频、视频、Java applets、ActiveX、PDF 以及 Flash。它的初衷是取代 img 和 applet 元素,不过由于漏洞以及缺乏浏览器支持,这一点并未实现。

浏览器的支持对象有赖于对象类型,不幸的是,主流浏览器都使用不同的代码来加载相同的对象类型;而幸运的是,object 对象提供了解决方案。如果未显示 object 元素,就会执行位于 < object > 和 </object > 之间的代码。通过这种方式,能够嵌套多个 object 元素(每个元素对应一个浏览器)。

几乎所有主流浏览器都拥有部分对 < object > 标签的支持。

< object > 标签的可选属性见表 4-1。

表 4-1　＜object＞标签的可选属性

属　性	值	描　述
align	left right top bottom	定义围绕该对象的文本对齐方式
archive	URL	由空格分隔的指向档案文件的 URL 列表,这些档案文件包含了与对象相关的资源
border	pixels	定义对象周围的边框
classid	class ID	定义嵌入 Windows Registry 中或某个 URL 中的类的 ID 值,此属性可用来指定浏览器中包含的对象的位置,通常是一个 Java 类
codebase	URL	定义在何处可找到对象所需的代码,提供一个基准 URL
codetype	MIME type	codetype 属性用于标识程序代码类型。只有在浏览器无法根据 classid 属性决定 applet 的 MIME 类型,或者在下载某个对象时服务器没有传输正确的 MIME 类型的情况下,才需要使用 codetype 属性
data	URL	定义引用对象数据的 URL。如果有需要对象处理的数据文件,要用 data 属性来指定这些数据文件
declare	declare	declare 属性可以定义一个对象,同时防止浏览器进行下载和处理。与 name 属性一起使用时,这个工具类似于传统编程语言中的某种前置声明,这样的声明能够延迟下载对象的时间,直到这个对象确实在文档中得到了应用
form	form_id	规定对象所属的一个或多个表单
height	pixels	定义对象的高度
hspace	pixels	定义对象周围水平方向的空白
name	unique_name	为对象定义唯一的名称(以便在脚本中使用)
standby	text	定义对象正在加载时所显示的文本
type	MIME_type	定义被规定在 data 属性中指定文件中出现的数据的 MIME 类型
usemap	URL	规定与对象一同使用的客户端图像映射的 URL
vspace	pixels	定义对象垂直方向的空白
width	pixels	定义对象的宽度

< object > 元素支持多种不同的媒介类型。

（1）显示图片

```
< object height =" 100％"  width =" 100％"  type =" image/jpeg"
        data =" audi. jpeg"  >
</object >
```

（2）显示网页

```
< object type =" text/html"  height =" 100％"  width =" 100％"
        data =" http：//www. w3school. com. cn"  >
</object >
```

（3）播放音频

```
< object classid =" clsid：22D6F312-B0F6-11D0-94AB-0080C74C7E95"  >
        < param name =" FileName"  value =" liar. wav"  / >
</object >
```

（4）播放视频

```
< object classid =" clsid：22D6F312-B0F6-11D0-94AB-0080C74C7E95"  >
        < param name =" FileName"  value =" 3d. wmv"  / >
</object >
```

（5）显示日历

```
< object width =" 100％"  height =" 80％"
        classid =" clsid：8E27C92B-1264-101C-8A2F-040224009C02"  >
        < param name =" BackColor"  value =" 14544622"  >
        < param name =" DayLength"  value =" 1"  >
</object >
```

（6）显示图形

```
< object width =" 200"  height =" 200"
        classid =" CLSID：369303C2-D7AC-11D0-89D5-00A0C90833E6"  >
        < param name =" Line0001"  value =" setFillColor(255, 0, 255)"  >
        < param name =" Line0002"  value =" Oval( -100,  -50, 200, 100, 30)"  >
</object >
```

（7）显示 Flash

```
< object width =" 400"  height =" 40"
        classid =" clsid：D27CDB6E-AE6D-11cf-96B8-444553540000"
        codebase =" http：//download. macromedia. com
        /pub/shockwave/cabs/flash/swflash. cab#4,0,0,0"  >
```

```
<param name =" SRC" value =" bookmark. swf" >
<embed src =" bookmark. swf" width =" 400" height =" 40" >
</embed >
```
</object >

在因特网上之所以会发现不同的 class ID,就是因为对象的版本不同。例如,Windows Media Player 7 及更高版本的 class ID 是 clsid:6BF52A52-394A-11D3-B153-00C04F79FAA6,而因特网上许多地方把 class ID 声明为 clsid:22D6F312-B0F6-11D0-94AB-0080C74C7E95,此 class ID 虽是一个老版本,但依然可以工作,只是无法使用增加到组件中的新特性。

4.2.4 <embed>标签

<embed>标签定义嵌入的内容,如插件,常用于在网页中插入多媒体,格式可以是 MIDI,WAV,AIFF,AU,MP3 等,Netscape 及新版的 IE 都支持该标签。URL 为音频或视频文件及其路径(可以是相对路径或绝对路径)。例如:
<embed src =" your. mid" autostart = true loop = 2 volume =" 10" units =" en" height =200 width =200 >

<embed>标签的属性见表 4-2。

表 4-2 <embed>标签的属性

属　性	值	描　述
autostart	true,false	该属性规定音频或视频文件是否在下载完之后就自动播放
loop	正整数,true,false	该属性规定音频或视频文件是否循环及循环次数
hidden	ture,false	该属性规定控制面板是否显示,默认值为 false
starttime	mm:ss(分:秒)	该属性规定音频或视频文件开始播放的时间,未定义则从文件开头播放
volume	0～100 之间的整数	该属性规定音频或视频文件的音量大小,未定义则使用系统本身的设定
height	正整数、百分数	该属性规定控制面板的高度
width	正整数、百分数	该属性规定控制面板的宽度
units	pixels,en	该属性指定高和宽的单位为 pixels 或 en

续表

属　性	值	描　述
controls	console smallconsole playbutton pausebutton stopbutton volumelever	该属性规定控制面板的外观,默认值是 console。 　　console:一般正常面板; 　　smallconsole:较小的面板; 　　playbutton:只显示播放按钮; 　　pausebutton:只显示暂停按钮; 　　stopbutton:只显示停止按钮; 　　volumelever:只显示音量调节按钮
name	字符	该属性给对象取名,以便其他对象利用
title	字符	该属性规定音频或视频文件的说明文字
palette	color|color	该属性表示嵌入的音频或视频文件的前景色和背景色,第一个值为前景色,第二个值为背景色。color 可以是 RGB 色(RRGGBB),也可以是颜色名,还可以是 transparent(透明色)
align	center left right top bottom baseline texttop middle absmiddle absbottom	该属性规定控制面板和当前行中的对象的对齐方式。 　　center:控制面板居中; 　　left:控制面板居左; 　　right:控制面板居右; 　　top:控制面板的顶部与当前行中的最高对象的顶部对齐; 　　bottom:控制面板的底部与当前行中的对象的基线对齐; 　　baseline:控制面板的底部与文本的基线对齐; 　　texttop:控制面板顶部与当前行中最高的文字顶部对齐; 　　middle:控制面板的中间与当前行的基线对齐; 　　absmiddle:控制面板中间与当前文本或对象的中间对齐; 　　absbottom:控制面板的底部与文字的底部对齐

　　页面设计时可用表格来布局内容。在【工作过程三】中添加了一个 5 行 1 列的表格(第 4,5 行将在后续章节中使用),在该表格中添加公司简介内容,

效果如图 4-7 所示。

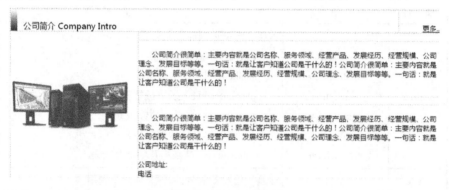

图 4-7 公司简介效果图

【工作过程三】 添加公司简介内容

（1）打开 Default. aspx 页面，将光标定位在 InfoContent 中。

（2）选择菜单"表"→"插入表"，设置如图 4-8 所示。

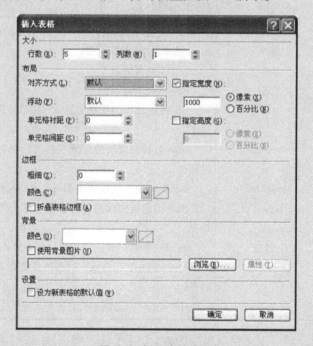

图 4-8 插入表格窗口

小 贴 士

◆ 单元格衬距(**cellpadding**)和单元格间距(**cellspacing**)的区别

　　cellpadding 是表格中单元格内的空白部分,cellspacing 是表格中单元格之间的距离,如图 4-9 所示。

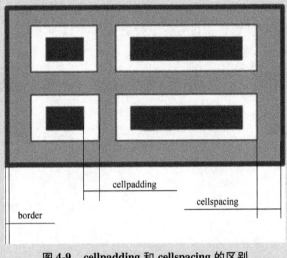

图 4-9　cellpadding 和 cellspacing 的区别

---

　　(3)将光标定位在第 1 行,右击鼠标弹出快捷菜单,选择"修改"→"拆分单元格",将其拆分成 2 列,第 1 列设置为"300px",第 2 列设置为"700px"。

　　(4)将光标定位在第 1 行第 1 列,在属性窗口中单击 Class 属性右边的下拉列表框按钮,选择"tdItem",此步骤可将样式应用于该单元格中的文字,如图 4-10 所示。

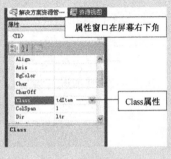

图 4-10　引用样式

> tdItem 样式在第 3 章【工作过程一】的步骤(15)中已定义。

（5）将光标定位在第 1 行第 1 列,在属性窗口中单击 Style 属性右边的按钮,在"修改样式"窗口中设置背景样式如图 4-11 所示。注意:背景设置好之后不要单击"确定"按钮。

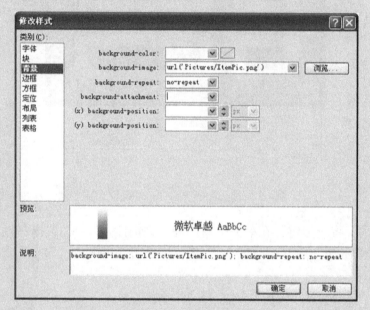

图 4-11　设置背景样式

> 步骤(4)与步骤(5)都是关于样式的应用,但步骤(4)属于外部样式的应用,步骤(5)属于行内样式的应用,详见"3.2.1 CSS 简介"。

（6）单击类别"块",如图 4-12 所示进行设置。

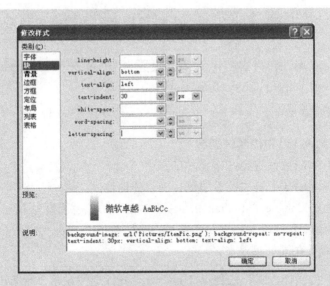

图 4-12　设置块样式

（7）单击类别"定位"，设置 Height 属性为"50px"，单击"确定"按钮。

（8）在表格第 1 行第 1 列中输入"公司简介 Company Intro"。

（9）将光标定位在第 1 行第 2 列，在属性窗口中单击"Style"右边的按钮，如图 4-13 所示设置块样式后单击"确定"按钮。

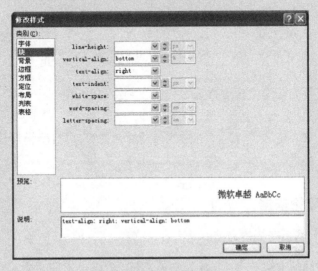

图 4-13　设置块样式

（10）将工具箱中的 HyperLink 控件拖曳到表格第 1 行第 2 列单元格中。

（11）在属性窗口中将 Text 属性设置为"更多……"，NavigateUrl 属性设置为"~/CompanyIntroduction. aspx"。

┌─ 小　贴　士 ─────────────────────────

◆ **步骤(11)中的属性解释**

① Text 属性设置超链接显示的文字。

② NavigateUrl 属性设置超链接的目的地址。

③ "~/CompanyIntroduction. aspx"中的"~/"表示网站根目录，是一个相对地址，也可以去掉"~/"符号，因为 Default. aspx 和 CompanyIntroduction. aspx 在同一目录下。

└────────────────────────────────────

（12）按同样方式将表格第 2 行拆分。光标定位在第 2 行第 1 列，在属性窗口中单击"Style"右边的按钮，打开"修改样式"窗口，按要求设置下列属性。

"定位"类别　height：300px；

"块"类别　text-align：center；vertical-align：middle。

（13）在表格第 2 行第 1 列单元格中添加 Image 控件，按要求设置下列属性。

```
Height =" 130px"
ImageUrl =" ~/Pictures/CompanyIntroduction. jpg"
Width =" 280px"
```

（14）将光标定位在表格第 2 行第 2 列，在属性窗口中设置 padding 属性为"10px"。

（15）在表格第 2 行第 2 列输入公司简介内容，可自行设计简介内容。

（16）存盘。

工作理论依据

4.2.5　网页布局的方法

网页布局的方法有很多，各人喜好不同，布局也不同。常用的布局方法有以下几种：

1. 通过表格来布局

表格布局的优势在于能对不同对象加以处理,而不用担心不同对象之间的影响。此外,表格在定位图片和文本方面较之 CSS 更加方便。表格布局的缺点是,当过多运用表格时,页面下载速度会受到影响。

2. 通过框架来布局

很多人不喜欢框架结构的页面,可能是因为它的兼容性差。但从布局方面考虑,框架布局是一种较好的方法。同表格布局一样,它把不同对象放置到不同页面加以处理。框架可以取消边框,所以一般来说不影响整体美观。

3. 通过层叠样式表来布局

CSS(层叠样式表)能完全精确地定位文本和图片。虽然 CSS 对于初学者来说显得有点复杂,但它的确是一个很好的布局方法。利用 CSS 能实现一些利用前两种方法无法实现的想法。

CSS 布局网页的特点如下:① 页面载入更快;② 能够降低流量费用;③ 便于设计时的修改,提高工作效率;④ 能够使整个站点保持视觉上的一致性;⑤ 可以更好地被搜索引擎搜索到;⑥ 使站点对浏览者和浏览器更亲和。

4.3 工作后思考

模仿本章工作过程,设计并制作以下页面:CompanyIntroduction. aspx(公司介绍页面),Services. aspx(公司服务领域页面),ContactUs. aspx(联系我们页面),LinkPopularity. aspx(友情链接)。

其中服务领域如图 4-14 所示。

01	广告设计	...
02	产品演示	...
03	3D投影	...
04	城市亮化	...
05	场景漫游	...
06	动画短片	...
07	室内设计	...
08	海报设计	...
09	动画教学	...
10	微电影	...

图 4-14 服务领域功能列表

第5章 创建数据库

本章要点： ● 数据库的概念
　　　　　　● ASP. NET 网页常用的数据库
　　　　　　● SQL 的概念及运用
技能目标： ● 创建 SQL 数据库
　　　　　　● 创建数据库表

5.1 工作场景导入

【工作场景】

众诚数字科技有限公司需要开发一个网站以宣传、推广自己的公司及产品。

本次任务的目的：创建数据库以组织管理公司的案例视频、图片、留言回复、新闻及招聘信息。

【引导问题】

在创建数据库之前首先要选择数据库，至于选择什么样的数据库则要看应用程序的需要，例如有多少数据需要存储，所使用的操作系统和语言平台，预算以及是否需要数据仓库，BI 或决策支持系统等。如果是以阅读数据库为主的 Web 应用，MySQL 无疑是最佳选择。而如果需要事务处理和复杂的数据库功能，那么可能要选择 Oracle 或微软的 SQL Server。如果需要一些商业数据库的高级功能，但又不想支付授权费用，那么可以考虑 PostgreSQL 或 Ingres。对于嵌入式数据库应用，MySQL 和 Sybase 所占用的系统资源最少。本例中的应用数据需求很小，但考虑到 SQL Server 的广泛应用性以及先导课程的内容，特以 SQL Server 为例。

下面介绍如何在 VS 环境中创建 SQL server 数据库。

5.2 工作过程与理论依据

【工作过程一】 创建数据库

（1）打开 zjc 网站，打开"服务器资源管理器"窗口，在该窗口中右击"数据连接"选项，如图 5-1 所示。

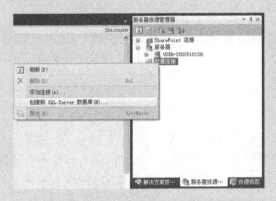

图 5-1　创建 SQL Server 数据库

（2）在快捷菜单中选择"创建新 SQL Server 数据库…"，打开"创建新的 SQL Server 数据库"窗口，按图 5-2 所示进行设置。

图 5-2　"创建新的 SQL Server 数据库"窗口

 小 贴 士

◆ 服务器名

① 在"服务器名"列表框中根据实际情况选择,并在服务器名后添加字符串"\SQLExpress"。

② 步骤(3)可能会跳出如图5-3所示的出错信息。

图5-3　出错信息窗口

可按照如下步骤解决该问题:

A. 单击"开始"→"所有程序"→"Microsoft SQL Server 2005"→"配置工具"→"SQL Server 外围应用配置器",打开"SQL Server 外围应用配置器"窗口,如图5-4所示。

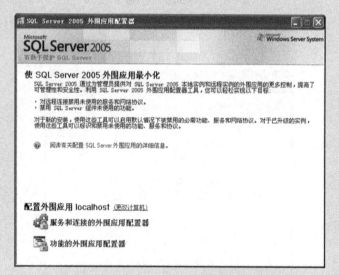

图5-4　"SQL Server 2005 外围应用配置器"窗口

B. 选择"服务和连接的外围应用配置器",其中"服务"选项按图5-5所示进行设置。

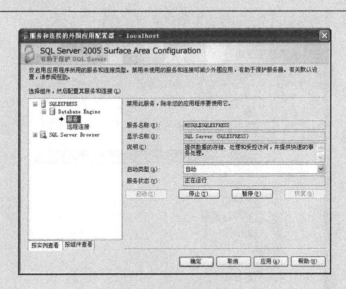

图 5-5 "服务"设置

C. "远程连接"选项按图 5-6 所示进行设置。

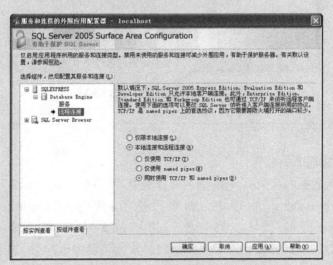

图 5-6 "远程连接"设置

D. 单击"确定"按钮,错误解除。

（3）单击"确定"按钮，数据库创建成功，如图5-7所示。

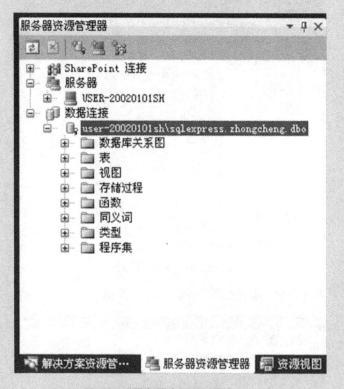

图5-7 "服务器资源管理器"窗口

◆ 数据库的位置

默认数据库存储在 App_Data 文件夹中，请检查 App_Data 文件夹中是否有"zhongcheng"数据库。如果没有，请搜索"zhongcheng"，找到"zhongcheng. mdf"文件，并移动到 App_Data 文件夹中。在"服务器资源管理器"窗口中右击"数据连接"，在弹出的快捷菜单中选择"添加连接"，在"添加连接"窗口中按图5-8所示进行设置。

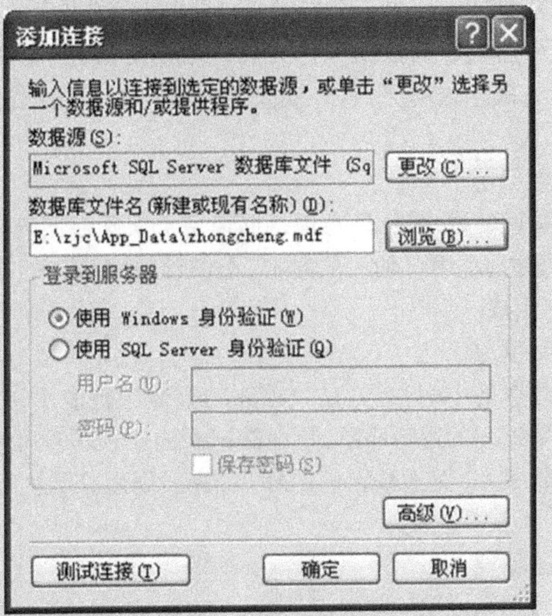

图 5-8 "添加连接"窗口

工作理论依据

5.2.1 数据库

1. 数据库定义

数据库是依照某种数据模型组织起来并存放于二级存储器中的数据集合。这种数据集合具有如下特点:尽可能不重复,以最优方式为某个特定组织的多种应用服务,其数据结构独立于使用它的应用程序,对数据的增、删、改、查由软件统一进行管理和控制。从发展的历史来看,数据库是数据管理的高级阶段,它是由文件管理系统发展而来的。

数据库中的数据摆脱了具体程序的限制和制约。不同的用户可以按各自的方法使用数据库中的数据;多个用户可以同时共享数据库中的数据资源,即不同的用户可以同时存取数据库中的同一个数据。数据共享性不仅满足了各用户对信息内容的需求,同时也满足了各用户之间信息互通的需求。

2. 数据库的结构

数据库的基本结构分为三个层次,反映了观察数据库的三种不同角度。以内模式为框架所组成的数据库称为物理数据层;以概念模式为框架所组成的数据库称为概念数据层;以外模式为框架所组成的数据库称为用户数据层。

（1）物理数据层

它处于数据库的最内层,是物理存储设备上实际存储的数据的集合。这些数据是原始数据,是用户加工的对象,由内部模式描述的指令操作处理的位串、字符和字组成。

（2）概念数据层

它处于数据库的中间一层,是数据库的整体逻辑表示,指出了每个数据的逻辑定义及数据间的逻辑联系,是存储记录的集合。它所涉及的是数据库所有对象的逻辑关系,而不是它们的物理情况,因而是数据库管理员概念下的数据库。

（3）用户数据层

它是用户看到和使用的数据库,表示了一个或一些特定用户使用的数据集合,即逻辑记录的集合。

数据库不同层次之间的联系是通过映射进行转换的。

3. 数据库的特点

（1）实现数据共享

数据共享不仅指所有用户可同时存取数据库中的数据,也指用户可以用各种方式通过接口使用数据库并提供数据共享。

（2）降低数据的冗余度

同文件系统相比,数据库实现了数据共享,因而避免了用户各自建立应用文件,删减了大量重复数据,降低了数据的冗余度,维护了数据的一致性。

（3）数据的独立性

数据的独立性包括逻辑独立性（数据库中数据库的逻辑结构和应用程序相互独立）和物理独立性（数据物理结构的变化不影响数据的逻辑结构）。

（4）数据实现集中控制

在文件管理方式中,数据处于一种分散的状态,不同的用户或同一用户在不同处理过程中使用的文件之间毫无关系。利用数据库可对数据进行集中控制和管理,并通过数据模型表示各种数据的组织以及数据间的联系。

(5) 数据的一致性和可维护性

数据的一致性和可维护性主要包括:① 安全性控制。以防止数据丢失、错误更新和越权使用。② 完整性控制。保证数据的正确性、有效性和相容性。③ 并发控制。使在同一时间周期内,既允许对数据实现多路存取,又能防止用户之间的不正常交互作用。

(6) 故障恢复

故障恢复是指由数据库管理系统提供一套方法,及时发现故障和修复故障,从而防止数据被破坏。数据库系统能尽快恢复系统运行时出现的故障(可能是物理上或是逻辑上的错误),例如对系统的误操作造成的数据错误等。

4. 数据库的结构种类

数据库通常分为层次结构模型、网状结构模型和关系结构模型三种。

(1) 层次结构模型

层次结构模型的数据结构是一棵"有向树":根节点在最上端,层次最高,子节点在下,逐层排列。层次结构模型的特征是:① 有且仅有一个节点没有父节点,它就是根节点;② 其他节点有且仅有一个父节点。

图 5-9 所示,层次结构模型的组织结构图就像一棵树,系部就是树根(称为根节点),教研室、课程等为枝点(称为节点),树根与枝点之间的联系称为边,树根与边之比为 1:N,即树根只有一个,树枝有 N 个。按照层次结构模型建立的数据库系统称为层次模型数据库系统。

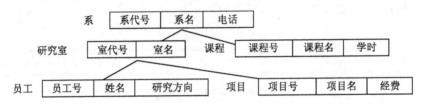

图 5-9 层次结构模型

(2) 网状结构模型

网状模型以网状结构表示实体与实体之间的联系,网中的每一个节点代表一个记录类型,联系通过链接指针来实现。网状模型可以表示多个从属关系的联系,也可以表示数据间的交叉关系,即数据间的横向关系与纵向关系,它是层次模型的扩展,如图 5-10 所示。

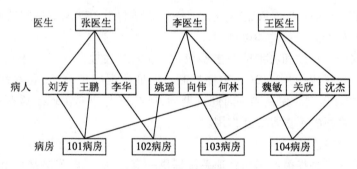

图 5-10　网状结构模型

网状结构模型的数据结构主要有以下两个特征：

① 允许一个以上的节点无双亲。

② 一个节点可以有多于一个的双亲。

网状模型可以方便地表示各种类型的联系，但结构复杂，实现的算法难以规范化。

（3）关系结构模型

网状数据库和层次数据库已经很好地解决了数据的集中和共享问题，但是在数据独立性和抽象级别上仍有很大欠缺。用户在对这两种数据库进行存取时，仍然需要明确数据的存储结构，指出存取路径。而关系数据库较好地解决了这一问题。

以下四张表是一个简单的关系模型，其中表 5-1、表 5-2 为关系模式，表 5-3、表 5-4 为这两个关系模式的关系，关系名称分别为学生关系和成绩关系，每个关系均含四个元组，其主键均为"学号"。

表 5-1　学生关系模式

学号	姓名	性别	出生日期	籍贯	院系代码	专业代码

表 5-2　成绩关系模式

学号	选择题	Word	Excel	PPT	Access	总分

表 5-3　学生关系

学号	姓名	性别	出生日期	籍贯	院系代码	专业代码
090010144	褚梦佳	女	1991 - 2 - 19	山东	001	00103

续表

学号	姓名	性别	出生日期	籍贯	院系代码	专业代码
090010145	蔡敏梅	女	1991 – 2 – 11	上海	001	00103
090010146	赵林莉	女	1991 – 12 – 2	江苏	001	00103
090010147	糜义杰	男	1991 – 10 – 3	江苏	001	00103

表 5-4 成绩关系

学号	选择题	Word	Excel	PPT	Access	成绩
090010144	14	15	10	6	9	54
090010145	11	19	19	10	9	68
090010146	35	20	17	7	9	88
090010147	29	19	19	10	9	86

在关系模型中基本数据结构就是二维表,不用像层次或网状那样的链接指针。记录之间的联系是通过不同关系中同名属性来体现的。例如,要查找"赵林莉"的成绩,可以先在学生关系中根据姓名找到学号"090010146",然后在成绩关系中找到"090010146"学号对应的成绩即可。通过上述查询过程,同名属性"学号"起到了连接两个关系的纽带作用。由此可见,关系模型中的各个关系模式不应当是孤立的,也不是随意拼凑的一堆二维表,它必须满足相应的要求。

关系是一个二维表,即元组的集合。关系模式是一个关系的属性名表,形式化表示为 $R(A_1, A_2, \cdots, A_n)$。其中,R 为关系名,$A_i(i=1,2,\cdots,n)$ 为关系的属性名。

关系之间通过公共属性实现联系。例如,表 5-3、表 5-4 所示的两个关系通过"学号"公共属性实现联系。在关系模型中,操作的对象和结果都是二维表。关系模型是目前最流行的数据库模型。

关系数据库是指对应于一个关系模型的所有关系的集合。例如,在一个教务管理关系数据库中,包含教师关系、课程关系、学生关系、任课关系、成绩关系等。

三种数据库模型的比较见表 5-5。

表 5-5　三种数据库模型的比较

名称	解释	优点	缺点
层次结构模型	将数据组织成一对多关系的结构,层次结构采用关键字来访问其中每一层次的每一部分	存取方便且速度快;结构清晰,容易理解;数据修改和数据库扩展容易实现;检索关键属性十分方便	结构呆板,缺乏灵活性;同一属性数据要存储多次,数据冗余度大(如公共边);不适合拓扑空间数据的组织
网状结构模型	用连接指令或指针来确定数据间的显式连接关系,是具有多对多类型的数据组织方式	能明确而方便地表示数据间的复杂关系;数据冗余度小	网状结构的复杂性增加了用户查询和定位的困难;需要存储数据间联系的指针,使得数据量增大;数据的修改不方便(指针必须修改)
关系结构模型	以记录组或数据表的形式组织数据,以便于利用各种物理实体与属性之间的关系进行存储和变换,不分层也无指针,是建立空间数据和属性数据之间关系的一种非常有效的数据组织方法	结构特别灵活,概念单一,满足所有布尔逻辑运算和数学运算规则形成的查询要求;能搜索、组合和比较不同类型的数据;增加和删除数据非常方便;具有更高的数据独立性、更好的安全保密性	数据库大时,查找满足特定关系的数据费时;无法满足空间关系

5.2.2　中小型数据库的比较

不少企业和个人站长在建设网站时,会对数据库的概念产生迷惑或误解。每种数据库模型都有各自的优缺点,需要用户根据需求选择,合适的才是最好的。下面将介绍一些常用的中小型数据库,只有了解了数据库,才能确定合适的建站方案。

常用的中小型数据库有 Access,SQL Server 和 MySQL。

1. Access

Microsoft Office Access 是由微软发布的关系数据库管理系统,是微软office的一个成员。

Access 有强大的数据处理、统计分析能力,利用它的查询功能,可以方便地进行各类汇总、平均等统计,并可灵活设置统计的条件。在统计分析上万条记录、十几万条记录及以上数据时,Access 处理速度快且操作方便,这一点是 Excel 无法相比的。

Access 可用来开发软件,如生产管理、销售管理、库存管理等各类企业管理软件,其最大的优点是易学,非计算机专业的人员也能学会。这些管理软件利用低成本来满足企业管理工作人员的管理需要,通过软件来规范同事、下属的行为,推行其管理思想。

另外,在开发一些小型网站 Web 应用程序时,Access 可用来存储数据,如 ASP. NET + Access,这些应用程序利用 ASP. NET 技术在 Internet Information Services(IIS)上运行。比较复杂的 Web 应用程序则使用 PHP/MySQL 或者 ASP. NET/Microsoft SQL Server。

Access 只适合数据量不大的应用,虽然其在处理少量数据和单机访问的数据库时准确、方便,效率也很高,但也存在如下一些缺陷:

① Access 数据库有一定的极限,如果数据达到 100M 左右,很容易造成服务器 IIS 假死,或者消耗掉服务器的内存导致服务器崩溃。

② 容易出现各种因数据库刷写频率过快而引起的数据库问题。

③ 当在线用户超过 100 人时,Access 性能急剧下降。

④ Access 数据库安全性不如其他类型的数据库。

2. MySQL

MySQL 是一个开放源码的小型关系型数据库管理系统,开发者为瑞典 MySQL AB 公司,现属于 Oracle 公司。目前 MySQL 被广泛地应用在 Internet 上的中小型网站中。由于 MySQL 具有体积小、速度快、总体拥有成本低,尤其是开放源码这一特点,因此许多中小型网站为了降低建站成本而选择将其作为网站数据库。在 Web 应用方面 MySQL 是最好的关系数据库管理系统(Relational Database Management System,RDBMS)应用软件之一。

MySQL 将数据保存在不同的表中,而不是将所有数据放在一个大仓库内,这样就提高了处理速度和灵活性。MySQL 所使用的 SQL 语言是用于访问数据库的最常用的标准化语言。MySQL 软件采用了双授权政策,分为社区版和商业版。由于其社区版的性能卓越,搭配 PHP 和 Apache 可组成良好的开发环境。

有人将 Linux 作为操作系统,Apache 和 Nginx 作为 Web 服务器,MySQL 作为数据库,PHP/Perl/Python 作为服务器端脚本解释器来搭建动态稳定的网站系统。这四个软件都是免费或开放源码软件(Floss),因此利用该方式企业不用花一分钱(人工成本除外),被业界称"LAMP"组合。

MySQL 数据库具有如下特点:

① MySQL 的核心程序采用完全的多线程编程。线程是轻量级的进程,它可以灵活地为用户提供服务,而不过多的占用系统资源。

② MySQL 可运行在不同的操作系统下。简单地说,MySQL 可以支持 Windows 系列以及 UNIX,Linux 和 SUN OS 等多种操作系统平台。

③ MySQL 具有非常灵活、安全的权限和口令系统。当客户与 MySQL 服务器连接时,它们之间所有的口令传送都被加密,而且 MySQL 支持主机认证。

④ MySQL 支持 ODBC for Windows。MySQL 支持所有的 ODBC 2.5 函数和其他许多函数,这样就可以用 Access 连接 MySQL 服务器,从而使 MySQL 的应用大大扩展。

⑤ MySQL 支持大型的数据库。

⑥ MySQL 拥有一个运行快速且稳定的基于线程的内存分配系统,可以持续使用且不必担心其稳定性。

⑦ MySQL 拥有强大的查询功能。MySQL 支持 SELECT 和 WHERE 查询语句的全部运算符和函数,并且可以在同一查询中混用来自不同数据库的表,从而使查询变得方便和快捷。

⑧ PHP 为 MySQL 提供了强力支持,PHP 中提供了一整套的 MySQL 函数,对 MySQL 进行全方位的支持。

3. SQL Server

SQL Server 是一个关系数据库管理系统。它最初是由 Microsoft,Sybase 和 Ashton-Tate 三家公司共同开发的,并于 1988 年推出了第一个 OS/2 版本。在 Windows NT 推出后,Microsoft 与 Sybase 在 SQL Server 的开发上就分道扬镳了,Microsoft 将 SQL Server 移植到 Windows NT 系统上,专注于开发推广 SQL Server 的 Windows NT 版本,而 Sybase 则较专注于 SQL Server 在 UNIX 操作系统上的应用。

SQL Server 是基于服务器端的中型数据库,适合大容量数据的应用,在功能管理上也比 Access 强得多,在处理海量数据的效率、后台开发的灵活性、可扩展性等方面也更为强大。

SQL Server 数据库具有以下特点:

① 真正的客户机/服务器体系结构。

② 图形化用户界面,使系统管理和数据库管理更加直观、简单。

③ 丰富的编程接口工具,为用户进行程序设计提供了更大的选择余地。

④ SQL Server 与 Windows NT 完全集成,利用了 NT 的许多功能,如发送

和接收消息、管理登录安全性等。SQL Server 也可以很好地与 Microsoft Back-Office 产品集成。

⑤ 具有很好的伸缩性,从笔记本电脑到大型多处理器等多种平台均能使用 SQL Server。

⑥ 对 Web 技术的支持,使用户能够很容易地将数据库中的数据发布到 Web 页面上。

⑦ SQL Server 提供数据仓库功能,这个功能只有 Oracle 和其他更昂贵的 DBMS 中才有。

Microsoft SQL Server 2008 是一个重要的产品版本,它推出了许多新的特性和关键性的改进,至今为止还是最强大、最全面的 Microsoft SQL Server 版本。

三种数据库各有特点,用户可根据自己的学习、工作情况来选择数据库类型。假如你是一个新手,可以选择一个易操作、没有太多辅助功能的数据库系统,如 Access。实际操作数据库系统可以帮你获得一些感性认识,也会遇到一些问题,而这些问题正是激发学习兴趣的动力。虽然从 DBMS 理论的角度来讲,Access 还不算完整,但它确实很实用。如果你是为实际工作选择数据库,则可以根据业务规模、流程、数据量、现有技术人员的技术水平、软件环境等因素来综合考虑,如可选择 MySQL 或 SQL Server。

在【工作过程一】中已经创建了空数据库,下面要添加数据库表。这个数据库将要记录关于案例的相关信息,如案例视频、图片、类型等。在 zhongcheng 数据库中将添加案例类型表及案例表两张表,相关设计见表 5-6、表 5-7。其他新闻表、留言表等作为课后练习自行设计。

表 5-6　案例类型表

字段名称	是否主键	字段类型	是否必填	说明
CaseTypeID	是	char(2)	是	案例类型代码
CaseTypeName	否	char(20)	是	案例类型名称

表 5-7　案例表

字段名称	是否主键	字段类型	是否必填	说　明
CaseID	是	char(10)	是	案例代码
CaseTypeID	否	char(2)	是	案例类型代码

续表

字段名称	是否主键	字段类型	是否必填	说　明
CaseDescription	否	char(50)	是	案例介绍
ImagePath	否	char(50)	是	图片路径
VideoPath	否	char(50)	是	视频路径
CompanyName	否	char(60)	否	公司名称
ProductionDate	否	datetime	否	制作日期
CasePrice	否	char(12)	否	案例价格

【工作过程二】将在 zhongcheng 数据库中创建两张数据库表。

【工作过程二】　创建数据库表

（1）接【工作过程一】第（3）步。在"服务器资源管理器"窗口中右击"表"选项,在快捷菜单中选择"添加新表"选项,如图 5-11 所示。

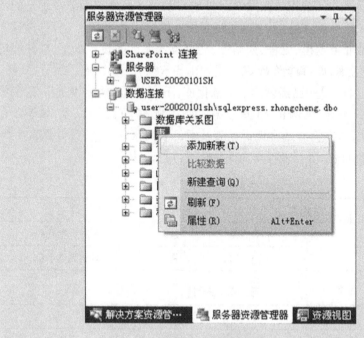

图 5-11　添加新表

（2）在打开的表设计器窗口中添加字段，如图 5-12 所示，字段属性设置见表 5-6。

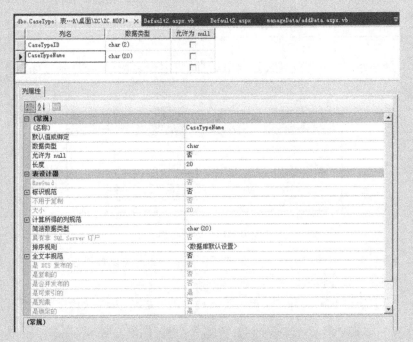

图 5-12　表设计器窗口

（3）选中"CaseTypeID"字段，单击"设置主键"按钮，如图 5-13 所示。

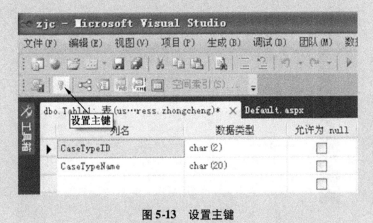

图 5-13　设置主键

主键(Primary Key)是表中的一个或多个字段,它的值用于唯一标识表中的某一条记录。参见工作理论依据 5.2.3。

(4)单击"存盘"按钮,弹出对话框,将表命名为"CaseType",如图 5-14 所示。

图 5-14   选择名称

(5)重复步骤(1)至(3),添加案例表,字段属性设置见表 5-7。

(6)存盘并将表命名为"CaseTable"。

(7)选中 CaseTable 表,单击工具栏中的"关系"按钮,如图 5-15 所示。

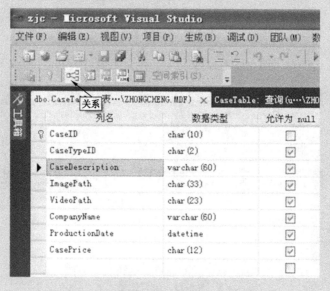

图 5-15   设置"关系"

（8）在打开的"外键关系"窗口中单击"添加"按钮产生默认关系，再单击右边的"省略号"按钮，在打开的"表和列"窗口中按图 5-16 进行设置。

图 5-16　"表和列"窗口

> **小　贴　士**
>
> 　　如果公共关键字在一个关系中是主关键字，那么这个公共关键字被称为另一个关系的外键。简单地说，外键就是指另外表中的主键（详见工作理论依据 5.2.3）。

（9）单击"确定"按钮并存盘。

> **小　贴　士**
>
> 　　步骤（9）单击"确定"按钮后若跳出出错信息，请查看两张表的主键有没有设置，CaseType 表的主键是否为 CaseTypeID，两张表的 CaseTypeID 字段属性是否一致。

（10）在"服务器资源管理器"窗口中右击"数据库关系图"选项，在快捷菜单中选择"添加新关系图"，如图 5-17 所示。

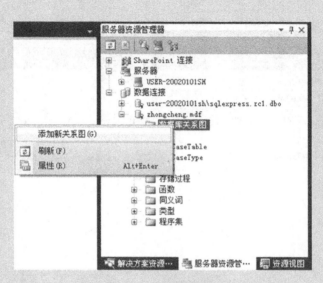

图 5-17　添加新关系图

（11）在打开的"添加表"窗口中添加"CaseTable"和"CaseType"两张表，然后关闭"添加表"窗口，如图 5-18 所示。

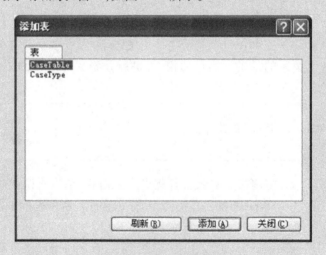

图 5-18　添加表

（12）两张表添加后自动产生如图 5-19 所示的关系图。

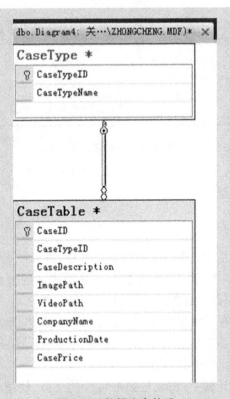

图 5-19 数据库表关系

小 贴 士

◆ **数据库表关系**

在关系数据库中,建立表间关系主要是为了连接两个表或多个表,以便一次能查找多个相关数据。而将数据置于多个不同的表中,其作用有以下两点:一是为了减少数据冗余,二是为了保证数据的完整和正确。将数据分割成多个表的依据是数据库的第一范式(1NF)、第二范式(2NF)、第三范式(3NF)和 BC 范式(BCNF)。

建立关系后也就会建立起一种约束关系,防止数据冗余,保证数据的参照完整性(详见工作理论依据 5.2.3)。

(13)存盘并将该关系图命名为"CaseTypeIDrelationship",如图 5-20 所示。

图 5-20　命名关系

工作理论依据

5.2.3　约束

数据的完整性是指数据的正确性和一致性,可以在表定义时定义完整性约束,也可以通过规则、索引、触发器等定义约束。约束分为行级和表级两类,两者的处理机制是一样的。完整性约束是一种规则,不占用任何数据库空间。完整性约束存于数据字典中,在执行 SQL 或 PL/SQL 期间使用。用户可以指明约束启用还是禁用,当约束启用时,它增强了数据的完整性,当约束禁用时效果则相反,但约束始终存在于数据字典中。

在数据库表的开发中,约束是必不可少的支持,使用约束可以更好地保证数据库中数据的完整性。约束可以分主键约束、唯一约束、外键约束、非空约束和检查约束。

(1) 主键约束:主键表示一个唯一的标识,本身不能为空。例如身份证号码是唯一的,不可以重复,不可以为空。

(2) 唯一约束:保证在一个字段或者一组字段里的数据与表中其他行的数据相比是唯一的。

(3) 外键约束:在两张表中进行约束操作。

(4) 非空约束:字段内容不能为空。

(5) 检查约束:检查一个列的内容是否合法。

例如,年龄只能在 0 ~ 150 岁,性别只能是男或女。

主键约束功能体现在 ID 为空或者 ID 重复时,数据将添加不进去。外键约束可以增强表的完整性。删除表时,如果有主-外键关联,则应先删除子表,再删除父表。

【工作过程三】　向数据库表追加数据

（1）在"服务器资源管理器"中右击 CaseType 表,在快捷菜单中选择"显示表数据",如图 5-21 所示。

图 5-21　显示表数据

（2）此时打开的数据库表为空,在图 5-22 中箭头所指处依次添加图 5-23 中的数据。

CaseType	
CaseTypeI ·	CaseTypeN ·
01	广告设计
02	产品演示
03	3D投影
04	城市亮化
05	场景漫游
06	动画短片
07	室内设计
08	海报设计
09	动画教学
10	微电影

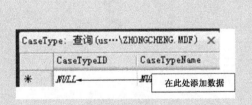

图 5-22　数据插入位置　　　　图 5-23　案例类型表数据

（3）数据输入完成后存盘。

（4）打开 CaseTable，如图 5-24 所示输入相关数据，公司名称、制作日期、案例价格均为空，也可自行添加数据。

CaseID	CaseTypeID	CaseDescription	ImageName	VideoName
0114010501	01	众诚宣传动画	0114010501. jpg	0114010501. flv
0114010502	01	翰墨轩宣传广告	0114010502. jpg	0114010502. flv
0214010501	02	垃圾分类回收处理系统	0214010501. jpg	0214010501. flv
0214010502	02	客梯安装动画演示	0214010502. jpg	0214010502. flv
0414042301	04	太仓上海东路亮化设计方案	0414042301. jpg	0414042301. flv
0414042302	04	新城大厦景观亮化设计方案	0414042302. jpg	0414042302. flv
0414042303	04	东湖科技城亮化方案	0414042303. jpg	0414042303. flv
0514042301	05	镇江技术学院新校区景观照明亮化设计方案	0514042301. jpg	0514042301. flv
0614042301	06	动画短片	0614042301. jpg	0614042301. flv

图 5-24　案例表数据

（5）存盘。

5.3　工作后思考

（1）上网查阅数据库的概念，复习数据库的定义、处理系统、基本结构、主要特点、数据种类。

（2）上网查阅数据库各类范式的详细定义及示例。

（3）在百度百科中搜索 SQL，复习结构化查询语言。

（4）仿照表 5-6、表 5-7 设计新闻表、留言表、回复表等的结构，并在 zhongcheng 数据库中添加表。

（5）在 zhongcheng 数据库中添加表关系。

第6章 显示数据

本章要点： ● 使用 DataList、DetailsView 等控件显示数据

　　　　　　● 将连接字符串存储到应用程序中，使其更易于更新

技能目标： ● 在首页中添加 DataList 控件

　　　　　　● 以列表形式显示成功案例并链接到展示页面

　　　　　　● 在展示页面中播放视频并以列表形式显示相关信息

6.1 工作场景导入

【工作场景】

众诚数字科技有限公司需要开发一个网站以宣传、推广自己的公司及产品。

本次任务的目的：在首页中以列表形式显示成功案例并链接到展示页面，在展示页面中播放视频并以列表形式显示相关信息。

为将公司所有成功案例列表展示，需要选择合适的控件。列表控件有 GridView，DataList，Repeater，ListView 控件。在【工作过程一】中将使用 DataList 控件以列表形式显示成功案例。

下面介绍如何在首页中以列表形式显示成功案例并链接到相应展示页面，以成功播放视频。

6.2 工作过程与理论依据

【工作过程一】 在首页中添加 DataList 控件并设置数据源

（1）打开网站 zjc。

（2）打开 Default. aspx 页面，将光标定位在"公司简介"下一行单元格中。

（3）按照第 4 章【工作过程三】步骤（4）至（8）所述的方法实现如图 6-1 粗线框中的效果。

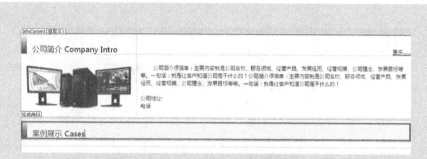

图 6-1　案例展示标题栏效果

（4）将光标定位在下一行单元格，将 Panel 控件拖至该单元格中。

（5）在"属性"窗口中按表6-1 对 Panel 控件的属性进行设置。

表 6-1　Panel 控件属性

属性名	属性值
ID	Panel1
Height	280px
Width	1000px
ScrollBars	Vertical
Direction	LeftToRight

（6）在工具箱"数据"分类中，将 DataList 控件拖至 Panel1 控件中。DataList 控件在工具箱中的位置如图6-2 所示。

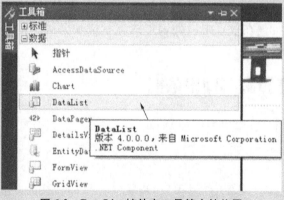

图 6-2　DataList 控件在工具箱中的位置

（7）单击"选择数据源"下拉列表，选择"新建数据源"，如图 6-3 所示。

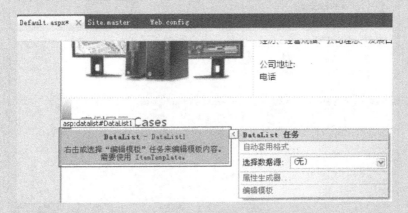

图 6-3　选择数据源

小　贴　士

◆ 关于选择数据源

【工作过程一】中是先添加数据控件，后添加数据源控件的，所以选择数据源下拉列表框中显示"无"。此外，也可先添加数据源，后添加数据控件，方法如下：

① 在工具箱数据分类中选中 sqlDataSource 控件并拖至 Panel1 控件中。

② 执行【工作过程一】中步骤（9）至（17）。

③ 在 Panel1 控件中添加 DataList 控件，此时图 6-3 中的选择数据源下拉列表中会出现"SqlDataSource1"选项。

④ 为 DataList1 控件选择数据源"SqlDataSource1"。

（8）在"数据源配置向导"窗口中单击"SQL 数据库"图标，数据源 ID 为默认，不需修改，如图 6-4 所示。

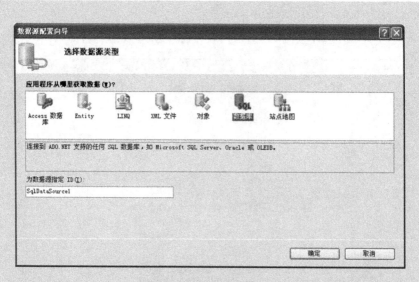

图 6-4   数据源配置向导

（9）在"配置数据源 – SqlDataSource1"窗口中单击"新建连接..."按
钮，如图 6-5 所示。

图 6-5   "配置数据源"界面

◆ 连接字符串

连接字符串包含 Web 应用程序连接到数据库所需的全部信息。此时
单击连接字符串左边的折叠符号内容为空。

（10）在"添加连接"窗口中通过"浏览"按钮输入数据库文件名，如图
6-6 所示。

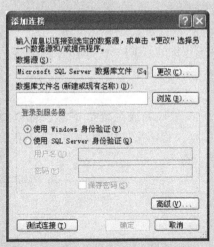

图 6-6 "添加连接"窗口

◆ **数据库文件名 E：\zjc\App_Data\zhongcheng.mdf**

此处的路径与文件名视具体情况而定。

◆ **添加连接窗口中的"更改…"按钮**

单击此按钮后打开更改数据源窗口，如图 6-7 所示。

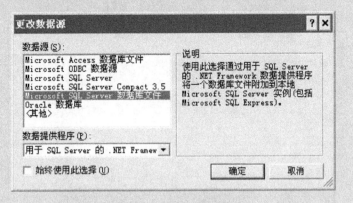

图 6-7 更改数据源窗口

数据源选项说明如下：

➤ Microsoft Access 数据库文件

可通过用于 OLE DB 的.NET Framework 数据提供程序使用本机 Jet 提供程序连接到 Access 数据库。

➤ Microsoft ODBC 数据源

可指定一个 ODBC 用户名或系统数据源名称以通过用于 ODBC 的. NET Framework 数据提供程序来连接到 ODBC 驱动程序。

➤ Microsoft SQL Server

可通过用于 SQL Server 的.NET Framework 数据提供程序连接到 Microsoft SQL Server。

➤ Microsoft SQL 数据库文件

可通过用于 SQL Server 的.NET Framework 数据提供程序将一个数据库文件附加到 SQL Server 的本地实例(可以是 Microsoft SQL Express 的实例)。

➤ Oracle 数据库

可通过用于 Oracle 的.NET Framework 数据提供程序连接到 Oracle。

➤ 其他

使用此选项连接到前面未列出的类型的数据库。

(11) 单击"确定"按钮,打开"配置数据源 – SqlDataSource1"窗口,如图 6-8 所示。

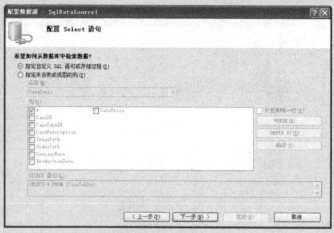

图 6-8 "配置数据源 – SqlDataSource1"窗口

小 贴 士

① 前面的步骤仅完成了与数据库的连接,至于要选择哪些数据则需要通过下面的步骤实现。

② 配置数据源窗口中两个选项的选择。

一般来说,当需要数据库表中所有字段信息时选用"指定来自表或视图的列",否则选择"指定自定义 SQL 语句或存储过程"。

（12）在"配置数据源 – SqlDataSource1"窗口中选择"指定自定义 SQL 语句或存储过程"单选按钮,单击"下一步"按钮,进入"定义自定义语句或存储过程"状态,单击"查询生成器"按钮,如图 6-9 所示。

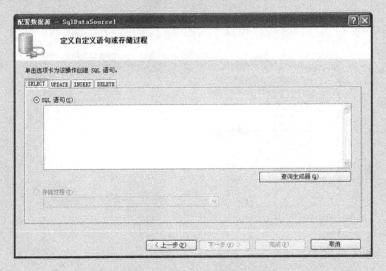

图6-9 定义自定义语句或存储过程

（13）在"添加表"窗口中选中 CaseTable 表,如图 6-10 所示,依次单击"添加"、"关闭"按钮。

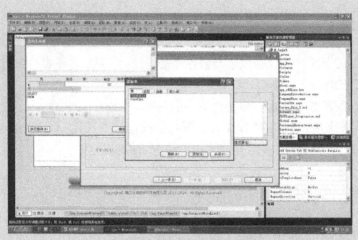

图 6-10　添加表

（14）在"查询生成器"窗口中按图 6-11 所示进行设置。

图 6-11　查询生成器设置

小　贴　士

◆ "SELECT CaseID，CaseDescription，ImagePath FROM CaseTable"该
语句意为选择 CaseTable 表中 CaseID，CaseDescription，ImagePath 三个字
段的内容(详见工作理论依据 6.2.1)。

（15）单击"确定"按钮回到"配置数据源－SqlDataSource1"窗口，如图
6-12 所示，在窗口中可见自动生成的 SELECT 语句。

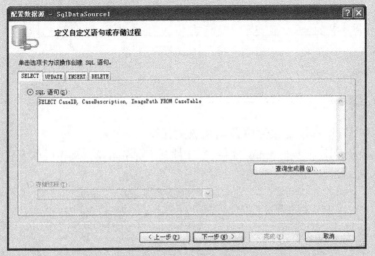

图 6-12　完成创建 SQL 语句

小　贴　士

◆ 步骤(12)至(15)的另一种实现方法是在图 6-9 所示窗口中直接输
入语句：

SELECT CaseID，CaseDescription，ImagePath FROM CaseTable

（16）单击"下一步"按钮，此时可单击"测试查询"按钮测试查询，如图
6-13 所示，单击"完成"按钮。

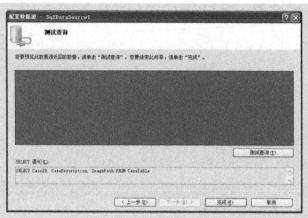

图6-13 "测试查询"状态

（17）存盘。

小 贴 士

◆ **Web. config 文件中自动生成的代码**

存盘后打开 Web. config 文件,在文件开头部分可见自动生成如下代码:

```
< connectionStrings >
        < add name = " zhongchengConnectionString"
        connectionString = " Data Source = . \SQLEXPRESS;
        AttachDbFilename = E:\zjc\App_Data\zhongcheng. mdf;
        Integrated Security = True;Connect Timeout = 30;
        User Instance = True" providerName = " System. Data. SqlClient" / >
</ connectionStrings >
```

代码中属性设置参见6.2.3。

◆ **Default. aspx 文件**

打开 Default. aspx 文件并切换至源视图状态下,在页面底端找到如下
代码:

```
< asp:SqlDataSource ID = " SqlDataSource1" runat = " server"
    ConnectionString = " < % $ ConnectionStrings:zhongchengConnectionString % >"
        SelectCommand = " SELECT [ CaseID], [ CaseDescription], [ ImageName]
                    FROM [ CaseTable]" >
</ asp:SqlDataSource >
```

这段代码由步骤(12)至(16)自动生成。因此步骤(12)至(16)可通
过在 Default. aspx 文件中直接添加该段代码实现。

工作理论依据

6.2.1　SQL 简介

结构化查询语言(Structured Query Language,SQL)是用于访问和处理数据库的标准计算机语言。使用 SQL 可以访问和处理数据库系统中的数据,如 Oracle,Sybase,SQL Server,DB2,Access 等。SQL 是 1986 年 10 月由美国国家标准局(ANSI)通过的数据库语言美国标准。

SQL 是最重要的关系数据库操作语言,并且它的影响已经超出数据库领域,受到其他领域的重视和采用,如人工智能领域的数据检索、第四代软件开发工具中均嵌入 SQL 语言。

SQL 可以分为两个部分:数据操作语言(DML)和数据定义语言(DDL)。

(1) 查询和更新等指令构成了 SQL 的 DML 部分。

● SELECT——从数据库表中获取数据。

　　语法:SELECT 列名称 FROM 表名称

　　以及 SELECT * FROM 表名称

小　贴　士

"*"表示选择所有字段。

例如:

　　SELECT LastName,FirstName FROM Persons,

● UPDATE——更新数据库表中的数据。

　　语法:UPDATE 表名称 SET 列名称 = 新值 WHERE 列名称 = 某值

　　例如:

　　UPDATE Person SET FirstName = 'Fred' WHERE LastName = 'Wilson'

● DELETE——从数据库表中删除数据。

　　语法:DELETE FROM 表名称 WHERE 列名称 = 值

　　例如:

　　DELETE FROM Person WHERE LastName = 'Wilson'

● INSERT INTO——向数据库表中插入数据。

　　语法:INSERT INTO 表名 (列1,列2,…) VALUES (值1,值2,…)

例如：

INSERT INTO Persons VALUES（'Gates'，'Bill'，'Xuanwumen10'，'Beijing'）

（2）SQL 的数据定义语言（DDL）部分使用户有能力创建或删除表格。用户也可以定义索引(键)，规定表之间的链接以及施加表间的约束。

SQL 中最重要的 DDL 语句如下：

- CREATE DATABASE——创建新数据库。

  语法：CREATE DATABASE 数据库名

- CREATE TABLE——创建新表。

  语法：CREATE TABLE 表名（列名1　数据类型，列名2　数据类型，列名3　数据类型，…）

- ALTER TABLE——变更数据库表。

  语法：添加表中字段

  ALTER TABLE 表名 ADD 列名 数据类型

  删除表中字段

  ALTER TABLE 表名 DROP COLUMN 列名

  修改表中字段类型

  ALTER TABLE 表名 ALTER COLUMN 列名 数据类型

- DROP TABLE——删除表。

  语法：DROP TABLE 表名称

- CREATE INDEX——创建索引(搜索键)。

  语法：CREATE INDEX 索引名 ON 表名（列名）

- DROP INDEX——删除索引。

  语法：DROP INDEX 表名. 索引名

　小　贴　士

SQL 语句对大小写不敏感。

6.2.2　Panel 控件

Panel 控件是其他控件的容器，通常利用 Panel 控件按功能细分页面。若要显示滚动条，可设置 ScrollBars 属性，也可以通过设置 BackColor，BackImageUrl 和 BorderStyle 属性自定义面板的外观。在 IE 中，此控件呈现为 HTML 的 < div > 元素，在 Mozilla 中呈现为 < table > 标签。

Panel 控件的属性见表 6-2。

表 6-2　Panel 控件的属性

属　性	描　述
BackImageUrl	设置显示控件背景的图像文件的 URL
DefaultButton	设置 Panel 中默认按钮的 ID
Direction	设置 Panel 的内容显示方向
GroupingText	设置 Panel 中控件组的标题
HorizontalAlign	设置内容的水平对齐方式
runat	设置 Panel 控件是否运行在服务器端
ScrollBars	设置 Panel 中滚动栏的位置和可见性
Wrap	设置内容是否折行

6.2.3　数据源控件

ASP. NET 有两种类型的数据控件:数据源控件和数据控件。数据源控件用于设置数据库或 XML 数据源的连接属性。数据源控件连接到数据源,并从中检索数据,使其他控件可以绑定到数据源而无需代码,数据源控件还支持修改数据。数据控件,用于显示来自数据源控件中指定数据源的数据。

数据源控件有以下四种。

1. AccessDataSource 控件

AccessDataSource 控件是一个与 Microsoft Access 数据库配套使用的数据源控件。

2. SiteMapDataSource 控件

SiteMapDataSource Web 服务器控件从站点地图提供程序中检索导航数据,然后将数据传递给可显示该数据的控件,如 TreeView 和 Menu 控件。

3. SqlDataSource 控件

借助 SqlDataSource 控件,可以使用数据控件访问位于关系数据库(包括 Microsoft SQL Server,Oracle 数据库以及 OLE DB,ODBC 数据源)中的数据。

SqlDataSource 控件与数据绑定控件(如 GridView,FormView 和 Details-View 控件)一起使用,可以用极少的代码或甚至不用代码在 ASP. NET 网页上显示和操作数据。该控件是基于 ADO. NET 构建的,会使用 ADO. NET 中的 DataSet,DataReader 和 Command 对象。

SqlDataSource 控件常用的属性有 ConnectionString 属性和 ProviderName 属性。

（1）ConnectionString 属性：获取或设置特定于 ADO.NET 提供程序的连接字符串。

如果是控件形式，可以在 aspx 页面中进行设定，代码如下：

```
<! --连接字符串直接写入 ConnectionString 属性中 -->
    <asp:SqlDataSource ID=" SqlDataSource1" runat=" server"
        ConnectionString="Data Source=.\SQLEXPRESS;
        AttachDbFilename=E:\zjc\App_Data\zhongcheng.mdf;
        Integrated Security=True;Connect Timeout=30;User Instance=True"
    </asp:SqlDataSource>
<! --连接字符串直接写入 Web.config 中 -->
    <asp:SqlDataSource ID=" SqlDataSource1" runat=" server"
    ConnectionString="<%$ConnectionStrings:zhongchengConnectionString %>"
    </asp:SqlDataSource>
```

如果是编程方式，aspx.vb 中代码大致如下：

```
Dim sqlConnection1 As SqlClient.SqlConnection
Dim strConnect As String="data source=服务器名;_
                          initial catalog=数据库名;
                          user id=sa;password=;"
sqlConnection1=New System.Data.SqlClient.SqlConnection(strConnect)
sqlConnection1.open        '打开数据库
sqlConnection1.close       '关闭连接,释放资源
```

（2）ProviderName 属性：获取或设置 .NET Framework 数据提供程序的名称，使用提供程序连接基础数据源。默认的值为 Microsoft SQL Server 的 ADO.NET 提供程序的名称。

该属性可设定的值有"System.Data.SqlClient"，"System.Data.OleDb"，"System.Data.Odbc"，"System.Data.OracleClient"。

如果更改 ProviderName 属性，会引发 DataSourceChanged 事件，从而导致所有绑定到 SqlDataSource 的控件重新进行绑定。

4. XmlDataSource 控件

XmlDataSource 控件使 XML 数据可用于数据绑定控件。虽然在只读情况下通常使用 XmlDataSource 控件显示分层 XML 数据，但也可以使用该控件同时显示分层数据和表格数据。

下面设置 DataList1 控件，使得该控件每行显示三条数据，每条数据只显

示案例图片和案例简介。

【工作过程二】 设置 DataList1 控件

（1）打开 Default.aspx 页面，选中 DataList1 控件，单击控件右上角的按钮，在弹出的菜单中选中"属性生成器"以设置控件的属性，如图 6-14 所示。

图 6-14 DataList 任务

（2）在"DataList1 属性"窗口中根据图 6-15 和图 6-16 设置常规、边框中的值。

图 6-15 "DataList 属性"窗口常规设置

小 贴 士

列属性设置决定数据列表的列数。

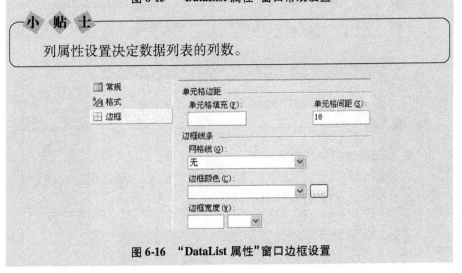

图 6-16 "DataList 属性"窗口边框设置

（3）单击"确定"按钮，在属性窗口中设置 Width 属性为"970px"。

小 贴 士

◆ **用另一种方法完成步骤(1)和(2)的设置**

① 选中 DataList1 控件。

② 在"属性"窗口中按表 6-3 进行属性设置。

表 6-3　DataList1 属性设置

属性名	属性值
RepeatColumns	3
RepeatDirection	Horizontal
Width	970px

③ 存盘。

（4）打开 Default. aspx 页面，选中 DataList1 控件，单击控件右上角按钮，在弹出的菜单中选中"编辑模板"进入模板编辑状态，如图 6-17 所示。

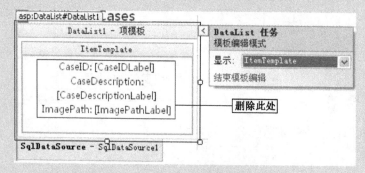

图 6-17　DataList 控件模板编辑状态

小 贴 士

◆ **粗线矩形框中的内容解释**

在页面运行后会生成案例列表，列表内容的显示样式则由粗线矩形框中的内容决定，部分列表如图 6-18 所示。

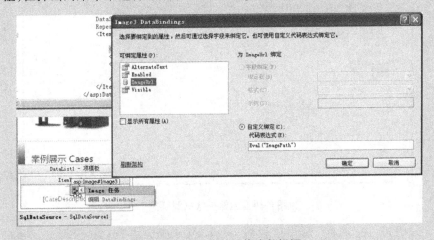

图 6-18　DataList 控件数据项显示

　　从图中可看出,每个字段都是通过 Label 控件显示信息的,并在 Label 控件前显示字段名称。这种信息显示方式不直观,且有多余信息显示在页面上。下面通过修改项模板,在案例列表中仅显示案例截图及说明,并链接到相应的视频。

　　(5) 将图 6-17 中粗线矩形框内的代码都删除。

　　(6) 将 Image 控件拖至项模板编辑框中,单击 Image 控件右上角的按钮,在弹出的菜单中选择"编辑 DataBindings",如图 6-19 所示。

图 6-19　Image 控件绑定数据源

　　(7) 在图 6-19 所示代码表达式文本框中输入 Eval("ImagePath"),单击"确定"按钮。

Eval( )在运行时计算数据绑定表达式。Eval("ImagePath")读取案例表中案例图片的信息。

(8)选中刚刚编辑过的 Image 控件,在"属性"窗口中设置 Width 属性为"300px",Height 属性为"200px"。

(9)将 HyperLink 控件拖至项模板编辑框中,单击 HyperLink 控件右上角的按钮,在弹出的菜单中选择"编辑 DataBindings"。

小 贴 士

HyperLink 与数据源绑定是为了将链接文字显示为案例表中的"案例描述"信息,在步骤(10)中可以看出链接文字为"CaseDescription"字段的内容。

(10)在"HyperLink6 DataBindings"窗口的代码表达式中输入语句 Eval("CaseDescription"),如图 6-20 所示,单击"确定"按钮。

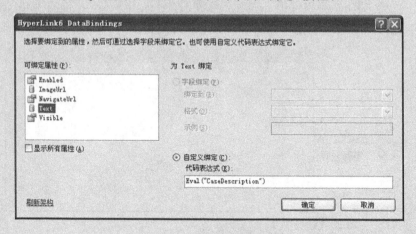

图 6-20 超链接数据源绑定

(11)在"属性"窗口中设置 NavigateUrl 属性为"< % # String. Format ("ShowCase.aspx?CaseID = {0}", Eval("CaseID")) % >"。

小　贴　士

◆ **< % # String. Format( )　% >**

String. Format 将指定字符串中的每个格式项替换为相应对象的值的文本等效项。如果直接输入 ShowCase. aspx?CaseID = < % #Eval (" Case-ID")% >将出错。

String. Format 使用举例：

Dim dat As Date ＝ #01/04/2015 9:30AM#

Dim city As String ＝ " 江苏"

Dim temp As Integer ＝ 10

Dim output As String ＝ String. Format (" 在 {0} ,{1} 的温度是 {2} 摄氏_
　　　　　　　　　　　　　度。", dat, city, temp)

Console. WriteLine(output)

' 这个例子将输出如下信息

' 在 01/04/2015 9:30AM,江苏的温度是 10 摄氏度。

◆ **ShowCase. aspx?CaseID =**

HyperLink 控件的链宿为 ShowCase. aspx,但我们希望用户选择的案例信息能传递给 ShowCase. aspx,这样在新打开的页面中才会播放正确的案例视频。解决方法是使用 URL 进行参数传递,"CaseID" 即为要传递的参数,参数值由 Eval(" CaseID")给出。

◆ **服务器端代码标记符**

< % #…% > :数据绑定表达式必须包含在 " < % #" 和 " % >" 字符之间,如 < % # Container. DataItem(" tit") % > 。

< % …% > : 在内嵌代码块中使用,可以在页面文件 * . aspx 或 * . as-cx 文件中嵌入代码,相当于 runat = " server"　language = " C#/vb/…"。注意:服务器控件中不能包含 < % …% > 的语法,否则会出错。

< % =…% > :它是 Respose. Write 的简写,用于调用后台方法、字段等,如 < % = aaa% > 。

< %@ …% > :主要用于在 Web 页面定义 Page、引入控件、组件、设置 Cache 等,如 < %@ Page %> , < %@ Assembly %> , < %@ Import %> , < %@ Master-Type %> , < %@ OutputCache %> , < %@ PreviousPageType %> , < %@ Refer-ence %> , < %@ Register %> , < %@ Import namespace = "System. Data"%> 。

< % − − … − − % > :注释。

< %$ …% > :用于对 Web. config 文件的键值对(字符串)进行绑定，指定前台页面对应的资源项，通常用于连接数据库的字符串，如：

< % $ ConnectionStrings:zhongchengConnectionString % >

(12) 单击项模板右上角的按钮，在弹出式菜单中选择"结束模板编辑"。

小 贴 士

上述步骤(5)至(12)也可通过代码方式实现，具体方法如下：

① 将视图切换到"源"，在代码页中找到标记 < ItemTemplate > … < /ItemTemplate > 。

② 删除 < ItemTemplate > 标记中的所有代码。

③ 在 < ItemTemplate > 标记后添加以下代码：

```
< ItemTemplate >
    < asp:Image ID =" Image3"
    ImageUrl = ' < %# Eval(" ImagePath") % > ' runat =" server"
    Height =" 200px"  Width =" 300px" / > < br / > < br / >
    < asp:HyperLink ID =" HyperLink6"  runat =" server"
    Text = ' < %# Eval(" CaseDescription") % > '
    NavigateUrl = ' < %# String. Format(" ShowCase. aspx? CaseID = {0}",
    Eval(" CaseID")) % > ' >
    < /asp:HyperLink >
< /ItemTemplate >
```

④ 存盘。

运行 Default. aspx 页面，将鼠标移动到页面下方某个案例位置，可发现鼠标指向图片时没有变成手形图标，只有图片下方的文字部分有超链接。若将上述代码中 HyperLink 的起始标签前移即可实现图片的超链接，修改代码如下：

```
< ItemTemplate >
    < asp : HyperLink ID = " HyperLink6"  runat = " server"
        NavigateUrl = ' <% # String. Format ( "ShowCase.aspx? CaseID = { 0 }" ,
Eval("CaseID") ) % > ' >
        < asp : Image ID = " Image3"  ImageUrl = ' < %# Eval( " ImagePath" ) % > '
            runat = " server"  Height = " 200px"  Width = " 300px"  / >
                    < br / >
                    < br / >
        < %# Eval( " CaseDescription" ) % >
    </ asp : HyperLink >
</ ItemTemplate >
```

观察以上代码可发现, Image 控件被移到 HyperLink 标签内部, Hyper-Link 标签的 Text 属性通过另一种方式得以实现, 注意体会代码移动后带来的变化。

（13）存盘。

 工作理论依据

6.2.4 数据绑定控件

数据控件用于显示和编辑来自数据源控件中指定的数据源的数据。GridVIew, DataList, ListView 和 Repeater 都可以同时显示多条记录, 因此它们通常被称为列表控件。而 DetailsView 和 FormView 一次只显示一条记录。DataPager 是为 ListView 控件提供分页功能的辅助控件。此小节中的数据控件截图都是以案例类型表为例的显示效果。

1. DataList 控件

DataList 控件可用于显示任何重复结构（如表格）中的数据。其显示数据的格式在创建的模板中定义, 可以为项、交替项、选定项和编辑项创建模板。DataList 控件可以使用标题、脚注和分隔符模板自定义整体外观, 还可以一行显示多个数据行。通过 DataList 控件的自动套用格式（如图 6-21 所示）, 可修改该控件的显示效果。

图 6-21　DataList 控件的自动套用格式

其传统型显示效果如图 6-22 所示。

CaseTypeID: 01
CaseTypeName: 广告设计

CaseTypeID: 02
CaseTypeName: 产品演示

CaseTypeID: 03
CaseTypeName: 3D投影

图 6-22　DataList 控件显示效果

2. Repeater 控件

Repeater 控件是一个数据绑定容器控件,用于生成各个项的列表。这些项的显示方式完全由编程者自己编写。当网页运行时,该控件为数据源中的每一项重复相应的布局。

注意:Repeater 控件仅提供重复模板内容功能,不提供如分页、排序、编辑等功能,这些功能需要编程者自己编写代码实现。

在网页中添加 Repeater 控件后将自动生成如下代码:

```
<asp:Repeater ID =" Repeater1" runat =" server" DataSourceID =" SqlData-
```

Source1" >

　　</asp：Repeater >

3．DetailsView 控件

使用 DetailsView 控件，可以逐一显示、编辑、插入或删除其关联数据源中的记录，并可轻松地设置分页功能，但是 DetailsView 控件本身不支持数据排序。即使 DetailsView 控件的数据源公开了多条记录，该控件每次也只会显示一条数据记录。DetailsView 控件可使用自动套用格式功能选择最终的显示效果。DetailsView 控件自动套用的格式如图 6-23 所示。

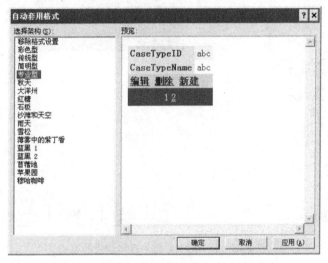

图6-23　DetailsView 控件自动套用的格式

其专业型显示效果如图 6-24 所示。

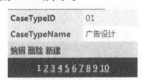

图6-24　DetailsView 控件的显示效果

4．FormView 控件

FormView 控件可以处理数据源中的单条记录，该控件与 DetailsView 控件相似。FormView 控件与 DetailsView 控件之间的差别在于，DetailsView 控件使用表格布局，其中记录的每个域都分别逐行显示，而 FormView 控件则不指定用于显示记录的预定义布局。编程者需要自己创建子项模板，编写各种用于显示记录中字段的控件以及布局用的其他 HTML 标签。FormView 控件可以轻松地启用分页功能。如果仅仅显示单条记录，推荐使用 FormView 控件，因为它可以在高效开发的同时自定义数据显示的格式。

　　FormView 控件可使用自动套用格式功能选择最终的显示效果。Form-View 控件自动套用的格式如图 6-25 所示。

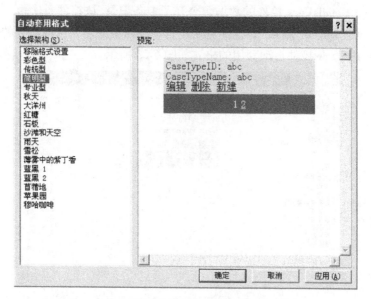

图 6-25　FormView 控件自动套用的格式

其简明型显示效果如图 6-26 所示。

图 6-26　FormView 控件的显示效果

5. GridView 控件

　　GridView 控件可以以表格形式（table 标签）显示、编辑和删除多种不同数据源（如数据库、XML 文件以及集合等）中的数据。GridView 控件的功能非常强大，编程者可以不编写任何代码，直接通过 Visual Studio 2010 拖拽并在属性面板设置属性即可。此外，GridView 还具有分页、排序、外观设置等功能。虽然 GridView 功能非常齐全,但程序性能将受到影响,因此在页面中最好不要过多地使用该控件。当然,如果需要自定义格式显示各种数据,GridView 控件也提供了用于编辑格式的模板功能。GridView 控件自动套用的格式如图 6-27 所示。

图 6-27　GridView 控件自动套用的格式

其专业型显示效果如图 6-28 所示。

	CaseTypeID	CaseTypeName
编辑 删除 选择	01	广告设计
编辑 删除 选择	02	产品演示
编辑 删除 选择	03	3D投影
编辑 删除 选择	04	城市亮化
编辑 删除 选择	05	场景漫游
编辑 删除 选择	06	动画短片
编辑 删除 选择	07	室内设计
编辑 删除 选择	08	海报设计
编辑 删除 选择	09	动画教学
编辑 删除 选择	10	微电影

图 6-28　GridView 控件的显示效果

6. ListView 控件

ListView 控件会按照编程者编写的模板格式显示数据。与 DataList 和 Repeater 控件相似,ListView 控件也适用于任何具有重复结构的数据。不过,ListView 控件不但提供编辑、插入和删除数据等数据操作功能,还提供对数据进行排序和分页的功能,只需在 Vistual Studio 2010 中直接设置即可,如图6-28 所示,不需要编写代码,这点非常类似于 GridView 控件。可以说,List-View 控件既有 Repeater 控件的开放式模板,又具有 GridView 控件的编辑特性,但其分页功能需要配合 DataPager 控件实现。

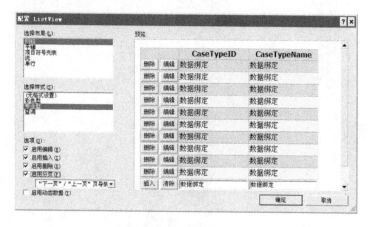

图 6-29　配置 ListView

其专业型显示效果如图 6-30 所示。

		CaseTypeID	CaseTypeName
删除	编辑	01	广告设计
删除	编辑	02	产品演示
删除	编辑	03	3D投影
删除	编辑	04	城市亮化
删除	编辑	05	场景漫游
删除	编辑	06	动画短片
删除	编辑	07	室内设计
删除	编辑	08	海报设计
删除	编辑	09	动画教学
删除	编辑	10	微电影
插入	清除		
第一页	上一页	下一页	最后一页

图 6-30　ListView 控件显示效果

6.2.5 DataList 控件

DataList 控件以模板和样式定义的格式显示数据。DataList 控件对任何重复结构(如表格)的数据均非常有用。

1. DataList 控件的主要属性

DataList 的默认输出样式不太美观,因此可以对它套用 CSS 样式,以输出符合用户意愿的格式。自定义 DataList 显示格式的最简便方法是使用"自动套用格式"选项,但灵活性欠佳。

DataList 提供了一些属性,通过修改它们可以灵活地变更 DataList 的样式。

  ➤ CssClass:DataList 使用的 CSS;

  ➤ AlternatingItemStyle:交替行使用的样式;

  ➤ EditItemStyle:编辑行使用的样式;

  ➤ FooterStyle:页脚样式;

  ➤ HeaderStyle:页眉样式;

  ➤ ItemStyle:普通数据行样式;

  ➤ SelectedItemStyle:选中项的样式;

  ➤ SpearatorStyle:间隔行样式;

  ➤ GridLines:单元格边框格式,有 None,Horizontal,Vertical,Both 几种值;

  ➤ ShowFooter:是否显示页脚;

  ➤ ShowHeader:是否显示页眉;

  ➤ UseAccessibleHeader:在页眉行的单元格中使用 HTML 标签 < th > 来替换 < td > 标签;

  ➤ RepeatDirection:项的布局方向;

  ➤ RepeatColumns:该布局的列的数目,默认为 0,不限数值。

2. DataList 控件支持的模板

使用 DataList 控件可显示模板定义的数据绑定列表。DataList 控件支持项的选择和编辑,其内容可以通过使用模板操控。DataList 控件支持以下几种模板。

(1)AlternatingItemTemplate

如果已定义该模板,则为 DataList 中的交替项提供内容和布局;如果未定义该模板,则使用 ItemTemplate。

（2）EditItemTemplate

如果已定义该模板,则为 DataList 中当前编辑的项提供内容和布局;如果未定义该模板,则使用 ItemTemplate。

（3）FooterTemplate

如果已定义该模板,则为 DataList 的脚注部分提供内容和布局;如果未定义该模板,将不显示脚注部分。

（4）HeaderTemplate

如果已定义该模板,则为 DataList 的页眉节提供内容和布局;如果未定义该模板,将不显示页眉节。

（5）ItemTemplate

ItemTemplate 为 DataList 中的项提供内容和布局所要求的模板。ItemTemplate 为默认模板,如果绑定了数据,则在该模板中编辑显示项目。

【工作过程二】修改了 ItemTemplate 以符合要求。

（6）SelectedItemTemplate

如果已定义该模板,则为 DataList 中当前选定项提供内容和布局;如果未定义该模板,则使用 ItemTemplate。

（7）SeparatorTemplate

如果已定义该模板,则为 DataList 中各项之间的分隔符提供内容和布局;如果未定义该模板,将不显示分隔符。

DataList 控件不仅可以像 GridView 那样以行的形式表现数据记录,也可以以列的形式表现,从而创建一种矩形形式的数据表现方法。另外,它也允许通过一组模板定义数据的外观,但不支持分页和排序,不允许插入新记录或更新、删除已有记录。

下面将设计 ShowCase 页面,案例数据的详细信息通过 DetailsView 控件显示。

【工作过程三】 设计案例展示页面 ShowCase. aspx

（1）打开 ShowCase. aspx 页面。

（2）将光标定位在 Content2 容器中,工作区域切换至"源"视图状态。

（3）按照第 4 章【工作过程二】中的方法在代码页第 6 行添加代码,以实现视频播放,代码如下:

```
<object classid =" clsid:D27CDB6E –AE6D –11cf –96B8 –444553540000"
    codebase =" http://download. macromedia. com/pub/shockwave/
                cabs/flash/swflash. cab#version =8,0,0,0"
```

```
width ="800" height ="450" id ="FLVPlayer">
    <param name =" movie" value =" FLVPlayer_Progressive. swf" />
    <param name =" salign" value =" lt" />
    <param name =" quality" value =" high" />
    <param name =" scale" value =" noscale" />
    <param name =" FlashVars"
        value =" &MM_ComponentVersion =1
                &skinName =Corona_Skin_3
                &streamName =Videos/0214010500
                &autoPlay =true
                &autoRewind =true" />
    <embed src =" FLVPlayer_Progressive. swf"
        flashvars =" &MM_ComponentVersion =1
                & skinName =Corona_Skin_3
                &streamName =Videos/0214010500
                &autoPlay =true&autoRewind =true"
        quality =" high" scale =" noscale" width =" 800"
        height =" 450" name =" FLVPlayer" salign =" LT"
        type =" application/x -shockwave -flash"
        pluginspage =" http://www. macromedia. com/go/getflashplayer" />
</object>
```

（4）通过执行菜单"编辑"→"快速替换"，将上述代码中所有
"0214010500"字符串替换为" <% =" CaseID" % >"。

在【工作过程二】步骤（11）已中将 HyperLink 控件的 NavigateUrl 属性
设置为 <%# String. Format（" ShowCase.aspx？CaseID ={0}"，Eval（" Case-
ID"））% >。其中 Url 地址中所带参数 CaseID 的值传递给全局变量 Case-
ID,此处读出全局变量 CaseID 的值,从而让 ShowCase 页面得知用户在首
页中的选择。

页面之间的数据传递除了使用 Url 参数外,还可以使用 Session 对象
变量（详见 6. 2. 10）。

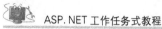

（5）将工具箱内"数据"分类中的 DetailsView 控件拖至 InfoContent 容器中，单击 DetailsView 控件右上角的按钮，在弹出式菜单的下拉列表框中选择"新建数据源"。

（6）在"数据源配置向导"窗口中选择"SQL 数据库"，单击"确定"按钮。

（7）在"配置数据源"窗口的下拉列表中选择"zhongchengConnection-String"，单击"下一步"按钮。

"zhongchengConnectionString"这个数据库连接字符串是在【工作过程一】中创建的，并自动添加在 Web.config 文件中。因为 DetailsView 控件和 DataList 控件连接的是同一个数据库，所以这里可以直接使用已创建好的连接字符串。

（8）选中单选按钮"指定自定义 SQL 语句或存储过程"，单击"下一步"按钮。

（9）单击"查询生成器"按钮。

（10）添加"CaseTable"表并关闭"添加表"窗口。

（11）在"查询生成器"窗口中按照图 6-31 所示进行设置。

图 6-31　查询生成器

◆ **查询语句说明**

① AS 子句为字段另起别名。数据库表中的字段名都是英文的,作为网页中表格的标题不够直观,因此给字段另起中文别名,这样表格标题将显示中文别名。

② 图 6-31 中的筛选器用于指定 Where 子句以筛选记录。字段 Case-ID 值将由首页中传递的 Url 参数值指定。

(12)单击"确定"按钮,再单击"下一步"按钮。

(13)在"配置数据源"窗口中按图 6-32 所示进行设置。

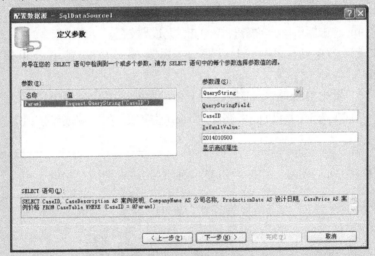

图 6-32 配置数据源

◆ **选项释义**

① 参数源:确定 CaseID 的值由谁指定,此处选择 QueryString 集合。

② QueryStringField:确定 QueryString 集合中的哪个变量的值传递给参数@ Param1。

③ DefaultValue:指定 CaseID 的缺省值。

◆ **QueryString**

QueryString 是获取 HTTP 查询字符串变量集合,声明方法如下:

Public ReadOnly Property QueryString As NameValueCollection

用法如下：

Dim instance As HttpRequest

Dim value As NameValueCollection

value = instance. QueryString

　　QueryString 传递参数的主要特点是简单快捷，但传递的值会显示在浏览器的地址栏上，考虑到安全性，需要考虑用其他方法传递参数。

　　QueryString 不能传递对象，顾名思义，它传递的是 String 字符串，因此，在传递一些对安全性要求不高的数值或者一些短小的字符串时，可以考虑使用该方法。

　　（14）单击"下一步"按钮，再单击"完成"按钮。

　　（15）选中 DetailsView1 控件，在属性窗口中设置 Height 属性为"160px"，Width 属性为"300px"。

　　（16）单击 DetailsView1 控件右上角的按钮，选择"编辑字段"。

　　（17）在选定的字段框中删除"CaseID"字段，单击"确定"按钮。

小 贴 士

　　若在 DetailsView1 控件中不显示某字段，可按此方法删除。

　　（18）在"解决方案资源管理器"窗口中单击"ShowCase. aspx"页面左边的"＋"号，双击"ShowCase. aspx. vb"打开代码窗口。

　　（19）在第 4 行添加代码"Public CaseID As String"。

小 贴 士

　　◆ **定义全局变量 CaseID**

　　定义 CaseID 是为了存储用户在首页所做的选择，并在显示案例视频时由语句 <% = CaseID% > 读取其值。此处并非必须用全局变量才能解决问题，这里只是演示变量的定义与使用。另外还可以通过其他方法，如将语句 <% = CaseID% > 直接改成 <% = Request. QueryString（"CaseID"）% >，也可以利用 Session（详见"6.2.10 Session 对象"）对象记录用户选择及在页面之间传递数据。

（20）在对象列表框中选择"（Page 事件）"，如图 6-33 所示。

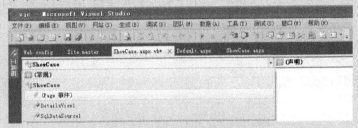

图 6-33 代码窗口对象的选择

（21）在事件列表框中选择"Load"事件，如图 6-34 所示。

图 6-34 代码窗口事件的选择

（22）在 Page_Load 过程中添加如下代码：

```
If Request. QueryString(" CaseID" ) = " " Then
    CaseID = " 2014010500"
Else
    CaseID = Request. QueryString(" CaseID" )
End If
```

小 贴 士

在页面加载时执行 If 语句，判断 Request 对象的 QueryString 集合中的 CaseID 变量是否为空。如果其为空，则将字符串常量"2014010500"赋值给全局变量 CaseID，否则将 QueryString 集合中的 CaseID 变量值赋值给全局变量 CaseID。

QueryString 集合中的数据访问需要利用 Request 对象,这是 ASP.NET 常用对象之一,详见"6.2.7 Request 对象"。

（23）存盘。该代码页完整代码如图 6-35 所示。

```
Web.config    Site.master    ShowCase.aspx.vb ×  Default.aspx    ShowCase.aspx
ShowCase                                              ▼ ▦ (声明)
1
2  ☐Partial Class ShowCase
3        Inherits System.Web.UI.Page
4        Public CaseID As String
5
6  ☐    Protected Sub Page_Load(ByVal sender As Object, ByVal e As System.EventArgs) Handles Me.Load
7            If Request.QueryString("CaseID") = "" Then
8                CaseID = "2014010500"
9            Else
10               CaseID = Request.QueryString("CaseID")
11           End If
12       End Sub
13 End Class
```

图 6-35　页面加载时执行的代码

（24）在"解决方案资源管理器"窗口中右击"Default.aspx"页面,在快捷菜单中选择"在浏览器中查看"。

（25）单击某个案例链接,在 ShowCase 页面中显示相关视频及信息,结合运行结果与代码体会页面之间的数据传递。

📚 工作理论依据

ASP.NET 提供了许多内置对象,【工作过程三】中所使用的 Request 对象就是其中之一。这些对象提供了相当多的功能,例如可以在两个网页之间传递变量、输出数据以及记录变量值等。这些对象在 ASP 时代已经存在,到了 ASP.NET 环境下,其提供的功能仍然可以使用,而且种类更多,功能更强大。

ASP.NET 内置对象是由 IIS 控制台初始化的 ActiveX DLL 组件。因为 IIS 可以初始化这些内置组件用于 ASP.NET 中,所以用户可以直接引用这些组件来实现自己的编程,即可以在应用程序中通过引用这些组件来实现访问 ASP.NET 内置对象的目的。

下面将对 ASP.NET 的这些内置对象以及 Global 文件进行详细讲解。

6.2.6　Response 对象

Response 对象是 HttpResponse 类的一个实例。该类主要用于封装来自 ASP. NET 操作的 HTTP 响应信息。

1. Response 对象属性

Response 对象属性见表6-4。

表6-4　Response 对象属性

属　性	描　述
Buffer	获取或设置一个值,该值指示是否缓冲输出并在处理完整个响应之后将其发送
Cache	获取网页的缓存策略(如过期时间、保密性设置和变化条款)
Charset	获取或设置输出流的 HTTP 字符集
Cookies	获取响应 Cookie 集合
Expires	获取或设置在浏览器上缓存的页过期之前的分钟数。如果用户在页面过期之前返回该页,则显示缓存的版本。提供 Expires 是为了与 ASP 的早期版本兼容
IsClientConnected	获取一个值,通过该值指示客户端是否仍连接在服务器上
RedirectLocation	获取或设置 Http Location 标头的值
Status	设置返回客户端的 Status 栏
SuppressFormsAuthenticationRedirect	获取或设置指定重定向至登录页的 Forms 身份验证是否应取消的值

2. Response 对象的方法

Response 对象可以输出信息到客户端,包括直接发送信息给浏览器、重定向浏览器到另一个 URL 或设置 Cookie 的值。表 6-5 中列举了几个 Response 对象的常用方法。

表6-5　Response 对象的常用方法

方　法	描　述
Write	将指定的字符串或表达式的结果写到当前的 HTTP 输出
End	停止页面的执行并得到相应结果
Clear	在不将缓存中的内容输出的前提下,清空当前页的缓存。仅当使用了缓存输出时,才可以利用 Clear 方法

续表

方 法	描 述
Flush	将缓存中的内容立即显示出来。该方法有点类似 Clear 方法,它在脚本前面没有将 Buffer 属性设置为 True 时会出错。和 End 方法不同的是,该方法调用后,页面可继续执行
Redirect	使浏览器立即重定向到程序指定的 URL

　　ASP. NET 中引用对象方法的语法是"对象名. 方法名"。"方法"就是嵌入到对象定义中的程序代码,它定义对象怎样去处理信息。利用嵌入的方法,对象便知道如何去执行任务,而不用提供额外的指令。

　　例如:

Response. Wrtie("这是我的第一个网页")

Response. Write("现在的时间是:" + DateTime. Now. ToString())

Response. Redirect("teacher. aspx")　　'引导至站内其他页面

< %

Response. Write ("第一句")

Response. Flush　'立刻输出缓冲区中的内容

Response. Write ("第二句")

Response. Clear　'清除缓冲区中的内容

Response. Write ("第三句")

%>

　　下面举例说明 Response 对象的应用。若指定的 Cookie 不存在,则创建 Cookie;若指定 Cookie 存在,则自动更新数据,设计如图 6-36 所示的界面。

图 6-36　Cookies 集合应用的界面设计

　　代码页内容如图 6-37 所示。

```
okieExample.aspx    CookieExample.aspx.vb  ×
  Button2                                          ▼    Click
□Partial Class Default2
      Inherits System.Web.UI.Page

      Protected Sub Button1_Click(ByVal sender As Object, ByVal e As System.EventArgs) Handles Button1.Click
          Dim mycookie As HttpCookie = New HttpCookie("user")
          mycookie("username") = TextBox1.Text
          mycookie("password") = TextBox2.Text
          mycookie.Expires = Now.AddDays(1)
          Response.Cookies.Add(mycookie)
      End Sub

      Protected Sub Button2_Click(ByVal sender As Object, ByVal e As System.EventArgs) Handles Button2.Click
          If Request.Cookies("user") IsNot Nothing Then
              Dim username As String
              Dim password As String
              If Request.Cookies("user")("username") IsNot Nothing Then
                  username = Request.Cookies("user")("username")
                  password = Request.Cookies("user")("password")
                  Response.Write("<P>")
                  Response.Write(username)
                  Response.Write("<P>")
                  Response.Write(password)
              End If
          End If
      End Sub
End Class
```

图 6-37　Cookies 集合应用示例代码

小　贴　士

Expires 属性是 Cookie 的过期时间。为了在会话结束后将 Cookie 存储在客户端磁盘上，必须设置该日期。若此项属性的设置未超过当前日期，则在任务结束后 Cookie 将到期。

Request 对象详见 6.2.7。

运行该页面后在两个文本框中均输入"srq"，单击"确定"按钮，则 Cookie 写入本地机，此时页面没有变化。单击"显示 Cookie 内容"按钮，在页面左上角显示用户名及密码，如图 6-38 所示。

图 6-38　cookies 集合应用示例

6.2.7　Request 对象

Request 对象是 HttpRequest 类的一个实例,它能够读取客户端在 Web 请求期间发送的 HTTP 值。Request 对象用来获取客户端在请求一个页面或传送一个 Form 时提供的所有信息,包括能够标识浏览器和用户的 HTTP 变量、存储在客户端的 Cookie 信息以及附在 URL 后面的值(查询字符串或页面中 < Form > 段中的 HTML 控件内的值)。

1. Request 对象的常用属性

Request 对象的常用属性见表6-6。

表6-6　**Request 对象的常用属性**

属　　性	描　　述
AnonymousID	获取该用户的匿名标识符(如果存在)
ApplicationPath	获取服务器上 ASP. NET 应用程序的虚拟应用程序根路径
Browser	获取或设置有关正在请求的客户端的浏览器功能的信息
ClientCertificate	获取当前请求的客户端安全证书
Cookies	获取客户端发送的 Cookie 的集合
Form	获取窗体变量集合
QueryString	获取 HTTP 查询字符串变量集合
ServerVariables	获取 Web 服务器变量的集合
Url	获取有关当前请求的 URL 的信息
UserHostAddress	获取远程客户端的 IP 主机地址
UserHostName	获取远程客户端的 DNS 名称
UserLanguages	获取客户端语言首选项的排序字符串数组

程序中,经常可以使用 QueryString 来获取从上一个页面传递来的字符串参数。例如,在【工作过程二】步骤(11)中将 HyperLink 控件的 NavigateUrl 属性设置为 < % # String. Format (" ShowCase. aspx?CaseID = {0} " , Eval (" Case-ID")) % >。其中 Url 地址中所带参数 CaseID 及其值存放在 QueryString 集合中,在【工作过程三】步骤(22)中为 Page_Load 过程添加如下代码:

```
If Request. QueryString(" CaseID" ) = " " Then
    CaseID = " 2014010500"
```

```
    Else
        CaseID = Request. QueryString(" CaseID")
    End If
```

由代码可以看出,参数 CaseID 的值是利用 Request 对象读出的,从而使 ShowCase 页面得知用户在首页中的选择。

用类似方法还可以获取 Form,Cookies,ServerVariables 的值,调用方法都是 Request. Collectlon(" Variable")。其中 Variable 是要查询的集合中的变量名。这里的 Collectlon 可以省略,也就是说,Request(" Variable")与 Request. Collection(" Variable")这两种写法都是允许的。如果省略了 Collection,那么 Request 对象会依照 QueryString,Form,Cookies,ServerVaiables 的顺序查找,直至发现 Variable 所指的关键字并返回其值,如果没有发现其值,则返回空值(Null)。

不过,为了优化程序的执行效率,最好还是使用 Collection,因为过多地搜索会降低程序的执行效率。

2. Request 对象的常用方法

Reques 对象的常用方法见表6-7。

表 6-7　Request 对象的常用方法

方　法	描　述
BinaryRead	执行对当前输入流进行指定字节数的二进制读取
Equals(Object)	确定指定的对象是否等于当前对象 (继承自Object)
GetHashCode	作为默认哈希函数(继承自Object)
GetType	获取当前实例的 Type(继承自Object)
InsertEntityBody	向 IIS 提供 HTTP 请求实体正文的副本
MapPath(String)	将指定的虚拟路径映射到物理路径
SaveAs	将 HTTP 请求保存到磁盘
ToString	返回表示当前对象的字符串(继承自Object。)
ValidateInput	对通过 Cookies,Form 和 QueryString 属性访问的集合进行验证

例如:
```
    Request. MapPath(" FileName")
```
这条语句可以获取某个文件的实际物理位置,该方法常用在需要使用实际路径的地方。

6.2.8 Server 对象

Server 对象提供对服务器上的方法和属性进行访问以及对 HTML 编码的功能。

1. Server 对象的属性

Server 对象的属性见表 6-8。

表 6-8 Server 对象的属性

属　性	描　述
MachineName	获取服务器的计算机名称
ScriptTimeout	获取和设置请求超时值(以秒计),超时服务器将断开与客户端的连接

下面举例说明 MachineName 的应用。

新建页面并在页面中添加按钮,将 Text 属性设置为"服务器名称",双击该按钮打开代码窗口,在如图 6-39 所示窗口中输入所示代码。

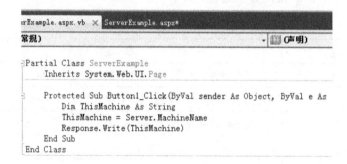

图 6-39 Server. MachineName 示例代码

运行页面并单击按钮"得到服务器名称",如图 6-40 所示。

图 6-40 Server. MachineName 示例结果

2．Server 对象的常用方法

Server 对象的常用方法见表 6-9。

表 6-9　Server 对象的常用方法

方 法	描 述
ClearError	清除前一个异常
CreateObject（String）	创建 COM 对象的服务器实例，该 COM 对象由对象的程序标识符（ProgID）标识
CreateObject（Type）	创建由对象类型标识的 COM 对象的一个服务器实例
CreateObjectFromClsid	创建 COM 对象的服务器实例，该对象由对象的类标识符（CLSID）标识
Execute（String）	在当前请求的上下文中执行指定虚拟路径的处理程序
GetHashCode	作为默认哈希函数（继承自Object）
GetLastError	返回前一个异常
GetType	获取当前实例的 Type（继承自Object）
HtmlDecode（String）	对 HTML 编码的字符串进行解码，并返回已解码的字符串
HtmlEncode（String）	对字符串进行 HTML 编码并返回已编码的字符串
MapPath	返回与 Web 服务器上的指定虚拟路径相对应的物理文件路径
ToString	返回表示当前对象的字符串（继承自Object）
Transfer（String）	对于当前请求，终止当前页的执行，并使用指定页的 URL 路径开始执行一个新页
TransferRequest（String）	异步执行指定的 URL
UrlDecode（String）	对字符串进行 URL 解码并返回已解码的字符串
UrlEncode（String）	对字符串进行 URL 编码，并返回已编码的字符串

当需要在网页上显示 HTML 标记时，若在网页中直接输出则会被浏览器解释为 HTML 的内容，所以要通过 Server 对象的 HtmlEncode 方法将它编码再输出；若要将编码后的结果译码回原来的内容，则需要使用 HtmlDecode 方法。下列示例代码使用 HtmlEncode 方法将"＜B＞Server 对象应用实例＜/B＞"编码后输出至浏览器，再利用 HtmlDecode 方法将编码后的结果译码还原，代码如图 6-41 所示。

```
Protected Sub Page_Load(ByVal sender As Object, ByVal e As System.EventArgs) Handles Me.Load
    Dim strHtmlContent As String
    strHtmlContent = Server.HtmlEncode("<B>Server对象应用示例</B>")
    Response.Write(strHtmlContent)
    Response.Write("<P>")
    strHtmlContent = Server.HtmlDecode(strHtmlContent)
    Response.Write(strHtmlContent)
End Sub
```

图 6-41　Server 对象应用示例代码

在页面中对"< B > Server 对象应用实例 < /B >"编码及解码后在网页中显示的效果如图 6-42 所示。

<B>Server对象应用示例</B>

Server对象应用示例

图 6-42　Server 对象应用示例效果

通过浏览器查看源码功能可以发现,编码后的 HTML 标记变成了"< B> Server 对象应用实例 </B>",正是因为" < B > "变成了"< B>"," < /B > "变成了"</B>",所以才能在页面中显示 HTML 标记。

HtmlEncode 方法有助于确保将用户提供的所有字符串输入作为静态文本显示在浏览器中,而不是作为可执行脚本或 HTML 元素进行呈现。UrlEncode 方法对 URL 进行编码,以便在 HTTP 流中正确传输。

当字符串数据以 URL 的形式传递到服务器时,在字符串中不允许出现空格,也不允许出现特殊字符。如果希望在发送字符串之前进行 URL 编码,则可以使用 Server.UrlEncode 方法。

例如:

< % Response. Write(Server. URLEncode(" http://www. microsoft. com")) % >

以上代码产生如下输出:

http %3A%2F%2Fwww%2Emicrosoft%2Ecom

在开发网站时可能需要了解网站在服务器上的物理路径,此时可使用 MapPath 方法将指定的相对或虚拟路径映射到服务器上相应的物理路径。

下面通过示例来介绍 MapPath 的使用方法。

新建页面,在网页中添加按钮并双击按钮,在打开的代码窗口中输入如图 6-43 所示代码。

```
Protected Sub Button1_Click(ByVal sender As Object, ByVal e As System
    Dim strUrl As String
    strUrl = Server.MapPath(Request.ServerVariables("PATH_INFO"))
    Response.Write(strUrl)
    Response.Write("<P>")
    strUrl = Server.MapPath("ServerExample.aspx")
    Response.Write(strUrl)
    Response.Write("<P>")
End Sub
```

图 6-43　MapPath 方法示例代码

其中，Request. ServerVariables（"PATH_INFO"）可获得服务器变量集合中"PATH_INFO"的信息，即当前页的虚拟路径(包括文件名)。

运行该页面后输出结果如图 6-44 所示。

图 6-44　MapPath 示例运行结果

另外，从 Response 和 Server 的常用方法列表中可以看出，利用 Response 或 Server 对象都可以实现重定向，那么 Response. Redirect 和 Server. Transfer 这两种方法有什么区别呢？下面将从四个方面进行比较。

（1）请求的过程

Response. Redirect：浏览器发出 aspx 文件请求→服务器执行→遇到 Response. Redirect语句→服务器发送 Response. Redirect 后面的地址给客户机端的浏览器→浏览器请求执行新的地址。

Server. Transfer：浏览器发出 aspx 文件请求→服务器执行→遇到 Server. Transfer 语句→服务器转向新的文件并终止当前的 aspx 页面执行。

由此可以见，Server. Transfer 语句比 Response. Redirect 语句少了一次服务器发送回来和客户端再请求的过程。

（2）跳转对象

Response. Redirect 语句可以切换到任何存在的网页。

Server. Transfer 语句只能切换到同目录或者子目录的网页。

（3）数据保密

Response. Redirect 语句执行后地址会变成跳转后的页面地址。

Server. Transfer 语句执行后地址不变,隐藏了新网页的地址及附带在地址后面的参数值,具有数据保密功能。

假如用上述两种方式实现 WebForm1. aspx 跳转到 WebForm2. aspx,Response. Redirect 跳转后地址栏会显示"…/WebForm2. aspx",而 Server. Transfer 跳转后地址栏则显示"…/WebForm1. aspx"。

（4）传递的数据量（URL 后附带的参数）

Response. Redirect 能够传递的数据量最大不能超过 2KB（也就是地址栏中地址的最大长度）。在传递的数据量超过 2KB 时,务必使用 Server. Transfer。

6.2.9　Application 对象

Application 对象是 HttpApplicationState 类的一个实例,Application 状态是整个应用程序全局的。Application 对象在服务器内存中存储数量较少又独立于用户请求的数据,它的访问速度非常快,而且只要应用程序不停止,数据就一直存在,因此通常在 Application_Start 时初始化一些数据,以便在之后的访问中可以迅速访问和检索。

Application 对象在实际网络开发中的用途就是记录整个网络的信息,如上线人数、在线名单、意见调查和网上选举等,在给定应用程序的所有用户之间共享信息,并在服务器运行期间持久地保存数据。此外,Application 对象还具有控制访问应用层数据的方法和可用于在应用程序启动和停止时触发过程的事件。

1. Application 对象的属性

Application 对象的常用属性见表 6-10。

表 6-10　**Application 对象的常用属性**

属　性	描　述
AllKeys	获取 HttpApplicationState 集合中的访问键
Count	获取 HttpApplicationState 集合中的对象数

2. Application 对象的常用方法

Application 对象的常用方法见表 6-11。

表 6-11　Application 对象的常用方法

方　法	描　述
Add	新增一个 Application 对象变量
Clear	清除全部的 Application 对象变量
Get	使用索引关键字或变量名称得到变量值
GetKey	使用索引关键字获取变量名称
Lock	锁定全部的 Application 变量
Remove	使用变量名称删除一个 Application 对象
RemoveAll	删除全部的 Application 对象变量
Set	使用变量名更新一个 Application 对象变量的内容
UnLock	解除锁定的 Application 变量

因为 Application 对象是被所有用户共享的,所以在改变它的值时,最好采用锁定的方式,改变之后再进行解锁,供其他人访问。锁定的方式为 Application. Lock( );解锁的方式为 Application. UnLock( )。

Lock 方法可以阻止其他客户端修改存储在 Application 对象中的变量,以确保在同一时刻仅有一个客户可修改和存取 Application 变量。Unlock 方法可以使其他客户端在使用 Lock 方法锁住 Application 对象后,修改存储在该对象中的变量。如果未显式地调用该方法,Web 服务器将在页面文件结束或超时后解锁 Application 对象。

例如:

```
Application. Lock( )
Application(" 变量名" ) = " 变量值"
Applicaiton. UnLock( )
```

Application 对象使给定应用程序的所有用户之间实现信息共享,并且在服务器运行期间持久地保存数据。因为多个用户可以共享一个 Application 对象,所以必须要有 Lock 和 Unlock 方法,以确保多个用户无法同时改变某一属性。

Application 对象是多用户共享的,它并不会因为某一个用户的离开而消失,一旦创建了 Application 对象,它就会一直存在,直到网站关闭。Application 对象成员的生命周期止于关闭 IIS 或使用 Clear 方法清除。

6.2.10　Session 对象

Session 对象是 HttpSessionState 类的一个实例。该类为当前用户会话提供信息,还提供对可用于存储信息的会话范围缓存的访问以及控制管理会话的方法。

Session 填补了 HTTP 协议的局限。HTTP 协议的工作过程是用户发出请求,服务器端作出响应,这种用户端和服务器端之间的联系都是离散的、非连续的。在 HTTP 协议中没有什么能够允许服务器端来跟踪用户请求的。在服务器端完成响应用户的请求后,服务器端不能持续地与该浏览器保持连接。从网站的观点看,每一个新的请求都是单独存在的,因此,当用户在多个主页间转换时,根本无法知道他的身份。

此时,可以使用 Session 对象存储特定用户会话所需的信息。这样,当用户在应用程序的 Web 页之间跳转时,存储在 Session 对象中的变量不会丢失,而是在用户会话的整个过程中一直存在。

当用户请求来自应用程序的 Web 页时,如果该用户还没有会话,则 Web 服务器会自动创建一个 Session 对象;如果会话过期或被放弃后,则服务器会中止该会话。

当用户第一次请求指定的应用程序中的 aspx 文件时,ASP. NET 将生成一个 SessionID。SessionID 是由一个复杂算法生成的号码,它唯一标识每个用户的会话。在新会话开始时,服务器将 Session ID 作为一个 Cookie 存储在用户的 Web 浏览器中。

在将 SessionID Cookie 存储于用户的浏览器之后,即使用户请求另一个 aspx 文件或请求运行在另一个应用程序中的 aspx 文件,ASP. NET 仍会重用该 Cookie 跟踪会话。与此相似,如果用户故意放弃会话或让会话超时,然后再请求另一个 aspx 文件,那么 ASP. NET 将以同一个 Cookie 开始新的会话。只有当服务器管理员重新启动服务器或用户重新启动 Web 浏览器时,存储在内存中的 SessionID 设置才被清除,用户将会获得新的 SessionID Cookie。

通过重用 SessionID Cookie,Web 应用程序将发送给用户浏览器的 Cookie 数量降至最低。另外,如果用户觉得该 Web 应用程序不需要会话管理,就可以不让 Web 应用程序跟踪会话和向用户发送 SessionID。

Session 对象常用于存储关于用户的信息或者为一个用户的 Session 更改设置。存储于 Session 对象中的变量存有单一用户的信息,并且它对于应用程序中的所有页面都是可用的。存储于 Session 对象中的信息通常是 name,id 以及参数。服务器会为每个新的用户创建一个新的 Session,并在 Session 到期时撤销该对象。需要注意的是,会话状态仅在支持 Cookie 的浏览器中保留,如果客户关闭了 Cookies 选项,Session 也就不能发挥作用了。

1. Session 对象的属性

Session 对象的属性见表 6-12。

表 6-12　Session 对象的属性

属　　性	说　　明
Count	获取会话状态集合中 Session 对象的个数
TimeOut	获取并设置在会话状态提供程序终止会话之前各请求之间所允许的超时期限(以"分钟"为单位)
SessionID	获取用于标识会话的唯一会话 ID

Count 属性可以帮助统计正在使用的 Session 对象的个数,语句非常简单,即 Response. Write(Session. Count)。

每一个客户端连接服务器后,服务器端都要建立一个独立的 Session,并且需要分配额外的资源来管理这个 Session,但如果客户端因某些原因,如忙于其他的工作而停止了某一操作,但没有关闭浏览器,在这种情况下,服务器端依然会消耗一定的资源来管理 Session,从而造成对服务器资源的浪费,降低了服务器的效率。因此,可以通过设置 Session 生存期来减少这种服务器资源的浪费。

若要更改 Session 的有效期限,只需设定 TimeOut 属性即可。TimeOut 属性的默认值是 20 分钟。

下面将通过示例来介绍 Session 的使用方法。

新建一个页面,添加三个标签及一个按钮,布局如图 6-45 所示。

图 6-45　Session 示例应用界面

双击"Session 失效"按钮打开代码窗口,输入如图 6-46 所示代码。

```
Protected Sub Page_Load(ByVal sender As Object, ByVal e As System.EventArgs) Han

    If (Not Page.IsPostBack) Then
        Session("Session1") = "如果你一分钟内单击按钮,不会有异常情况。"
        Session("Session2") = "一分钟后单击按钮程序就会报错,因为我不存在了。"
        Session.Timeout = 1
        Label1.Text = Now.ToString()
        Label2.Text = Session("Session1").ToString()
        Label3.Text = Session("Session2").ToString()

    End If
End Sub

Protected Sub Button4_Click(ByVal sender As Object, ByVal e As System.EventArgs)

    Label1.Text = Now.ToString()
    Label2.Text = Session("Session1").ToString()
    Label3.Text = Session("Session2").ToString()

End Sub
```

图 6-46　Session 示例代码

运行该页面,得到如图 6-47 所示结果。

目前的时间:2014-12-27 00:26:43
第一个Session的值,如果你一分钟内单击按钮,不会有异常情况。
第二个Session的值;一分钟后单击按钮程序就会报错,因为我不存在了。
Session失效

图 6-47　Session 示例的运行效果

1 分钟后单击按钮,程序报错,报错信息如图 6-48 所示。

图 6-48　出错信息

出错的原因在于 Session 的生存期限超过了 1 分钟,已经无法获得 Session

("Session1")和 Session("Session2")的值。

Session 的过期时间还可以在网站的配置文件 Web.config 中设置,代码如下:

```
< configuration >
    < system. web >
        < sessionState timeout = "30" / >
    < / system. web >
< / configuration >
```

2. Session 对象的常用方法

Session 对象的常用方法见表 6-13。

表6-13 Session 对象的常用方法

方 法	描 述
Add	新增一个 Session 对象
Clear	清除会话状态中的所有值
Remove	删除会话状态集合中的项
RemoveAll	清除所有会话状态值

通过 Add 方法可以设置 Session 对象的值,如:

```
Session. Add("userId", userId)
Session. Add("userName", userName)
Session. Add("userPwd", userPwd)
```

上面三条语句也可以写成:

```
Session("userId") = userId
Session("userName") = userName
Session("userPwd") = userPwd
```

Session 对象可用 Abandon()方法来结束,如 Session. Abandon()。退出登录或注销时,就需要用到此方法。

当用户导航到站点时,服务器为该用户建立唯一的会话,会话将一直延续到用户访问结束。ASP. NET 会为每个会话维护会话状态信息,应用程序可在会话状态信息中存储用户特定信息。

ASP. NET 必须跟踪每个用户的会话 ID,以便可以将用户映射到服务器上的会话状态信息。默认情况下,ASP. NET 使用非永久性 Cookie 存储会话状态。但是,如果用户已在浏览器上禁用 Cookie,会话状态信息便无法存储在 Cookie 中。

ASP. NET 提供了无 Cookie 会话作为替代,可以将应用程序配置为不将会话 ID 存储在 Cookie 中,而存储在站点页面的 URL 中。如果应用程序依赖于会话状态,可以考虑将其配置为使用无 Cookie 会话。但是少数情况下,如果用户与他人共享 URL(可能是用户将 URL 发送给同事,而该用户的会话仍然处于活动状态),则最终这两个用户可能共享同一个会话,结果将难以预料。

6.2.11 Cookie 对象

Cookie 是一小段文本信息,伴随着用户请求以及页面在 Web 服务器和浏览器之间传递。Cookie 包含每次用户访问站点时 Web 应用程序可以读取的信息。

如果在用户请求站点中的页面时,应用程序发送给该用户的不仅是一个页面,还有一个包含日期和时间的 Cookie,则用户的浏览器在获得页面的同时获得了该 Cookie,并将它存储在用户硬盘中。

如果该用户再次请求站点中的页面,当其输入 URL 时,浏览器便会在本地硬盘上查找与该 URL 关联的 Cookie。如果该 Cookie 存在,浏览器便将该 Cookie 与页请求一起发送到站点。然后,应用程序便可以确定该用户上次访问站点的日期和时间,并利用这些信息向用户显示一条消息或检查到期日期。

使用 Cookie 能够达到多种目的,所有这些都是为了帮助网站记住用户。例如,一个实施民意测验的站点可以简单地将 Cookie 作为一个布尔值,用它来显示用户的浏览器是否已参与了投票,这样用户便无法进行第二次投票。要求用户登录的站点则可以通过 Cookie 来记录用户已经登录,这样用户就不必每次都输入凭据。

大多数浏览器支持最长为 4096 字节的 Cookie,这限制了 Cookie 的大小,因此最好用 Cookie 来存储少量数据或者存储用户 ID 之类的标识符。用户 ID 随后便可用于标识用户以及从数据库或其他数据源中读取用户信息。

浏览器还限制站点可以在用户计算机上存储的 Cookie 的数量。大多数浏览器只允许每个站点存储 20 个 Cookie;如果试图存储更多的 Cookie,则最旧的 Cookie 便会被丢弃。有些浏览器还会对它们将接受的来自所有站点的

Cookie 总数作出绝对限制,通常为 300 个。

虽然 Cookie 在应用程序中非常有用,但应用程序不应依赖于 Cookie,不要使用 Cookie 支持关键功能。如果应用程序必须依赖于 Cookie,则可以通过测试确定浏览器是否接受 Cookie。

用户可随时清除其计算机上的 Cookie。即便存储的 Cookie 距到期日期还有很长时间,用户也可以删除所有 Cookie 或清除 Cookie 中存储的所有设置。

如果没有设置 Cookie 的有效期,应用程序仍会创建 Cookie,但不会将其存储在用户的硬盘上,而是作为用户会话信息的一部分进行维护,当用户关闭浏览器时,Cookie 便会被丢弃。这种非永久性 Cookie 很适合用来保存只需短时间存储的信息,或者保存由于安全原因不应该写入客户端计算机磁盘的信息。例如,用户在使用一台公用计算机,不希望将 Cookie 写入该计算机的磁盘中,这时就可以使用非永久性 Cookie。

将 Cookie 添加到 Cookies 集合中的方法很多。下面的示例演示了两种编写 Cookie 的方法:

```
Response. Cookies( " userName" ) . Value  = " patrick"
Response. Cookies( " userName" ) . Expires  = DateTime. Now. AddDays( 1 )


Dim aCookie As New HttpCookie( " lastVisit" )
aCookie. Value  = DateTime. Now. ToString( )
aCookie. Expires  = DateTime. Now. AddDays( 1 )
Response. Cookies. Add( aCookie )
```

此示例向 Cookies 集合添加两个 Cookie,一个名为 userName,另一个名为 lastVisit。对于第一个 Cookie,在 Cookies 集合中的值是直接设置的。对于第二个 Cookie,代码创建了一个 HttpCookie 类型的对象实例,设置其属性,然后通过 Add 方法将其添加到 Cookies 集合。

一个 Cookie 中可以只存储一个值,也可以存储多个名称/值对。名称/值对称为子键。例如,不创建两个名为 userName 和 lastVisit 的单独 Cookie,而创建一个名为 userInfo 的 Cookie,其中包含两个子键 userName 和 lastVisit。下面的示例演示编写同一 Cookie 的两种方法,其中每个 Cookie 都带有两个子键:

```
Response. Cookies( " userInfo" ) ( " userName" )  = " patrick"
Response. Cookies( " userInfo" ) ( " lastVisit" )  = DateTime. Now. ToString( )
```

```
Response. Cookies(" userInfo" ). Expires  = DateTime. Now. AddDays(1)
```

```
Dim aCookie As New HttpCookie(" userInfo" )
aCookie. Values(" userName" )  = " patrick"
aCookie. Values(" lastVisit" )  = DateTime. Now. ToString( )
aCookie. Expires  = DateTime. Now. AddDays(1)
Response. Cookies. Add(aCookie)
```

将相关的信息放在一个 Cookie 中比较有条理。因为所有信息都在一个 Cookie 中,所以诸如有效期之类的 Cookie 属性就适用于所有信息。当然,如果要为不同类型的信息指定不同的过期日期,就应该把信息保存在单独的 Cookie 中。

带有子键的 Cookie 还可以减小 Cookie 的容量。Cookie 的总容量限制在 4096 字节以内,并且不能为一个网站保存超过 20 个 Cookie。利用带子键的单个 Cookie,站点的 Cookie 数量就不会超过这个限制。此外,一个 Cookie 会占用大约 50 个字符的基本空间(用于保存有效期信息等),再加上其中保存的值的长度,其总和接近 4 KB 的限制。如果使用 5 个子键而不是 5 个单独的 Cookie,则可以省去 4 个 Cookie 的基本空间开销,总共能节省约 200 个字节。

在尝试获取 Cookie 的值之前,应确保该 Cookie 存在;如果该 Cookie 不存在,将会收到 NullReferenceException 异常的信息。需要注意的是,在页面中显示 Cookie 的内容前,应先调用 HtmlEncode 方法对 Cookie 的内容进行编码,这样可以确保恶意用户没有向 Cookie 中添加可执行脚本。

由于不同的浏览器存储 Cookie 的方式不同,因此,同一计算机上的不同浏览器不能够读取彼此的 Cookie。例如,如果使用 Internet Explorer 测试一个页面,然后再使用其他浏览器进行测试,那么后者将不会找到 Internet Explorer 保存的 Cookie。

Cookie 的安全性问题与从客户端获取数据的安全性问题类似。在应用程序中,Cookie 是另一种形式的用户输入,因此很容易被他人非法获取和利用。由于 Cookie 保存在用户自己的计算机上,因此,用户能看到存储在 Cookie 中的数据,还可以在浏览器发送 Cookie 之前更改该 Cookie。

千万不要在 Cookie 中存储敏感信息,如用户名、密码、信用卡号等。不要在 Cookie 中放置任何不应由用户掌握的内容,也不要放置可能被他人窃取的内容。

　　用户可将其浏览器设置为拒绝接受 Cookie,这样在不能写入 Cookie 时不会引发任何错误。同样,浏览器也不向服务器发送有关其当前 Cookie 设置的任何信息。

　　Cookies 属性不指示 Cookie 是否启用,它仅指示当前浏览器是否原本支持 Cookie。确定 Cookie 是否被接受的一种方法是尝试编写一个 Cookie,然后再尝试读取该 Cookie。如果无法读取编写的 Cookie,则可以假定浏览器不接受 Cookie。

　　下面的代码示例演示如何测试浏览器是否接受 Cookie。此示例由两个页面组成:第一个页面写出 Cookie,然后将浏览器重定向到第二个页面;第二个页面尝试读取该 Cookie,然后再将浏览器重定向回第一个页面,并将带有测试结果的查询字符串变量添加到 URL。

　　第一个页面的代码如下所示:

```
Protected Sub Page_Load( ByVal sender As Object, _
                ByVal e As EventArgs) Handles Me. Load
        If Not Page. IsPostBack Then
            If Request. QueryString( " AcceptsCookies" ) Is Nothing Then
                Response. Cookies( " TestCookie" ) . Value = " ok"
                Response. Cookies( " TestCookie" ) . Expires = _
                    DateTime. Now. AddMinutes( 1 )
                Response. Redirect( " TestForCookies. aspx?redirect =" & _
                    Server. UrlEncode( Request. Url. ToString) )
            Else
                Label1. Text = " Accept cookies = " & _
                    Server. UrlEncode( Request. QueryString( " AcceptsCookies" ) )
            End If
        End If
    End Sub
```

　　该页面首先测试并确定是不是回发,如果不是,则查找包含测试结果的查询字符串变量名 AcceptsCookies。如果不存在查询字符串变量,则表示测试还未完成,因此代码会写出一个名为 TestCookie 的 Cookie。写出 Cookie 后,该示例调用 Redirect 切换到 TestForCookies. aspx 测试页。附加到测试页 URL 的信息是一个名为 redirect 的查询字符串变量,该变量包含当前页的 URL,这样就能在执行测试后重定向回此页面。

测试页可完全由代码组成,不需要包含控件。下面的代码示例阐释了该测试页。

```
Sub Page_Load( )
    Dim redirect As String = Request. QueryString( " redirect" )
    Dim AcceptsCookies As String
    If Request. Cookies( " TestCookie" ) Is Nothing Then
        AcceptsCookies = " no"
    Else
        AcceptsCookies = " yes"
        ' Delete test cookie.
        Response. Cookies( " TestCookie" ). Expires = _
            DateTime. Now. AddDays( - 1)
    End If
    Response. Redirect( redirect & " ?AcceptsCookies =" & AcceptsCookies, _
        True)
End Sub
```

读取重定向查询字符串变量后,代码尝试读取 Cookie。出于管理的目的,如果该 Cookie 存在,则立即删除。测试完成后,代码通过 redirect 查询字符串变量传递给它的 URL,构造一个新的 URL。新 URL 中也包括一个含有测试结果的查询字符串变量。最后使用新 URL 将浏览器重定向到最初页面。

6.2.12　Global. asax 文件

Global. asax 文件,有时又称为 ASP. NET 应用程序文件,它提供了一种在一个中心位置响应应用程序级或模块级事件的方法。使用这个文件可以保证应用程序安全性以及完成其他一些任务。

Global. asax 位于应用程序根目录下。虽然 Visual Studio2010 会自动插入该文件到所有的 ASP. NET 项目中,但它实际上是一个可选文件,删除它不会出现问题(当然是在没有使用的情况下删除)。

Global. asax 文件被配置为任何(通过 URL 的)直接 HTTP 请求都被自动拒绝,所以用户不能下载或查看其内容。ASP. NET 页面框架能够自动识别出对 Global. asax 文件所做的任何更改。在 Global. asax 被更改后,ASP. NET 页面框架会重新启动应用程序,包括关闭所有的浏览器会话,去除所有状态信息,并重新启动应用程序域。

Global. asax 文件继承自 HttpApplication 类,它维护一个 HttpApplication 对象池,并在需要时将对象池中的对象分配给应用程序。Global. asax 文件包含以下常用事件:

(1) Application_Init:在应用程序被实例化或第一次被调用时,该事件被触发。对于所有的 HttpApplication 对象实例,它都会被调用。

(2) Application_Disposed:在应用程序被销毁之前该事件被触发。这是清除以前所用资源的理想位置。

(3) Application_Error:当应用程序中遇到一个未处理的异常时,该事件被触发。

(4) Application_Start:在 HttpApplication 类的第一个实例被创建时,该事件被触发。它允许用户创建可以由所有 HttpApplication 实例访问的对象。在应用程序的生命周期期间仅调用一次 Application_Start 方法。使用此方法可以执行启动任务,如将数据加载到缓存中以及初始化静态值。在应用程序启动期间应仅设置静态数据。由于实例数据仅可由创建的 HttpApplication 类的第一个实例使用,所以不要设置任何实例数据。

(5) Application_End:在 HttpApplication 类的最后一个实例被销毁时,该事件被触发。在一个应用程序的生命周期内它只被触发一次。

(6) Session_Start:在一个新用户访问应用程序 Web 站点时,该事件被触发。

(7) Session_End:在一个用户的会话超时、结束或离开应用程序 Web 站点时,该事件被触发。

Global. asax 文件中可包含的事件远不止这些,以上所列出的只是常用事件。

在第 2 章【工作过程二】建立站点后,Global. asax 文件自动添加在根目录下,双击 Global. asax 文件可看到如图 6-49 示的代码。

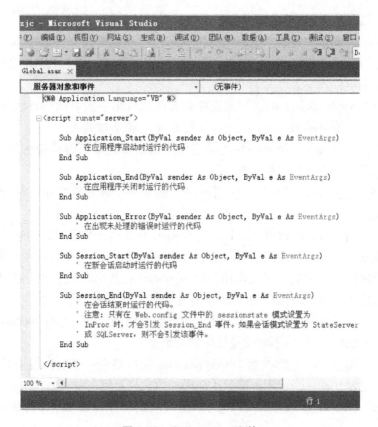

图 6-49 Global. asax 文件

生成的 Global. asax 文件中已自动生成一些常用事件过程代码模块,在其中添加代码即可实现所需功能。以下示例通过添加代码实现简单的网站计数功能。在 Global. asax 文件中添加以下代码:

```
< %@ Application Language =" VB" % >
< script runat =" server" >


Sub Application_Start( ByVal sender As Object, ByVal e As EventArgs)
     ' 在应用程序启动时运行的代码
    Application(" count" ) = 0          '初始设置计数从 0 开始
End Sub
```

```
Sub  Session_Start( ByVal  sender As Object,  ByVal  e As EventArgs)
    ' 在新会话启动时运行的代码
    Application. Lock( )      ' 同步,避免同时写入
    Application(" count" )  =  Application(" count" )  + 1
    ' 每建立一个会话该全局变量加 1
    Application. UnLock( )       ' 同步结束
End Sub
```

</ script >

添加一个新页面,在新页面中添加三个 Label 控件,按顺序放在一行,Label1 控件的 Text 属性设置为"欢迎光临! 您是第",Label3 控件的 Text 属性设置为"个访问此网站的人!",打开代码页,在 Page_Load 过程中添加代码:

```
    Label2. Text  =  Application(" count" )
```

代码位置如图 6-50 所示。

```
Partial Class Default2
    Inherits System. Web. UI. Page

    Protected Sub Page_Load(ByVal sender As Object, ByVal e As System. EventArgs) Handles Me. Load
        Label2. Text = Application("count")|
    End Sub
End Class
```

图 6-50　添加代码

运行页面即可看到统计数字,如图 6-51 所示。

图 6-51　网站计数功能

如果在浏览器中单击刷新按钮,统计数字不会变,因为没有新建 Session 会话;关闭浏览器,再次运行该页面,数字增加 1,这是因为关闭浏览器即关闭会话,再次运行该页面时再一次新建会话,统计数字加 1,从而实现了网站计

数功能。

6.3 工作后思考

（1）假设需要清理数据库，删除 2010 年以前设计的案例，应该如何编写该 SQL 语句？

（2）试图从 CaseType 表（该表在 CaseTable 表中有一些匹配的记录）中删除一条记录却失败的原因是什么？

（3）修改【工作过程二】与【工作过程三】，用两种方法实现页面之间数据的传递。

（4）如果需要创建一个用户界面，使用户可以显示、筛选、编辑和删除某个数据库的数据，最好使用哪个控件？ 如何将该控件与数据库相关联？

（5）如果想以下列格式显示数据库中数据的一个简单列表，需要选择哪种控件？

```
< ul >
<li>广告设计</li>
<li>产品演示</li>
<li>城市亮化</li>
<li>场景漫游</li>
</ul>
```

（6）存储连接字符串的最佳位置是哪里？ 如何从那里访问连接字符串？ 为什么不将连接字符串存储在页面中？

（7）简述 Cookie 对象和 Session 对象的区别。

（8）列举 ASP. NET 页面之间传递值的方式。

第 7 章　Web 站点中的安全性

本章要点：● ASP. NET 安全模型下 ASP. NET 应用程序服务的启用
● 如何让用户注册站点的账号
● 如何在开发时管理数据库中的用户和角色
● 如何根据系统中用户的访问权限向不同用户展示不同内容

技能目标：● 为站点启用安全模型；
● 使用 WSAT(网站管理工具) 管理用户和角色；
● 向特定角色的成员开放 Web 站点中的特定资源

7.1　工作场景导入

【工作场景】

众诚数字科技有限公司需要开发一个网站以宣传、推广自己的公司及产品，在这个站点中，有些页面是向普通用户开放的，有些页面只允许会员浏览，有些页面只允许管理员访问。因此，需要考虑用一种安全策略来阻止不受欢迎的用户访问特定的内容。

本次任务的目的：为站点启用安全模型，使得只有管理员角色的成员才可以访问 ManageData 文件夹下的页面，只有管理员和会员才可以访问 Messages 文件夹下的页面。

【引导问题】

到目前为止，在 Web 站点中创建的页面可被所有访问者访问，还没有阻止特定用户访问某些资源。这意味着当前任何人都能够访问任何文件夹里的任何页面并篡改其中的内容。显然，我们不希望这种情况在站点中出现。因此，需要考虑用一种安全策略来阻止不受欢迎的用户访问特定的内容。该问题在伴随 ASP. NET 2.0 一同问世的应用程序服务中得到了很好的解决。应用程序服务是可以在 Web 应用程序中用来支持用户、角色和配置文件等管理的一组服务。ASP. NET 中仍然大量存在着这种服务。

现介绍如何使得只有管理员角色成员才可以访问 ManageData 文件夹下的页面,只有管理员和会员才可以访问 Messages 文件夹下的页面。

7.2 工作过程与理论依据

【工作过程一】 利用 WSAT 创建用户、角色、访问规则

(1)打开网站 zjc。

打开 App_Data 文件夹,发现此时只有一个数据库。创建用户后,会自动创建一个名为 ASPNETDB. MDF 的数据库。

(2)单击"网站"菜单→选择"ASP. NET 配置",打开 ASP. NET 网站管理工具,如图 7-1 所示。

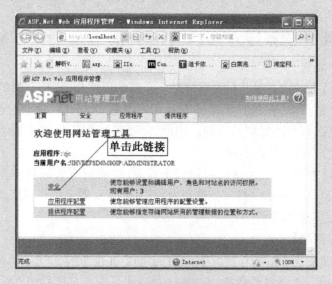

图 7-1　网站管理工具首页

(3)单击"安全"链接,打开"安全"页,单击"创建用户"链接,如图 7-2 所示。

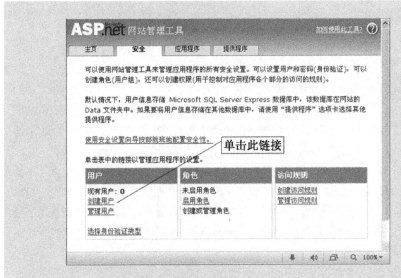

图 7-2 网站管理工具安全页

（4）在"创建用户"窗口中创建新用户"admin"，密码设为"000000"，如图 7-3 所示。

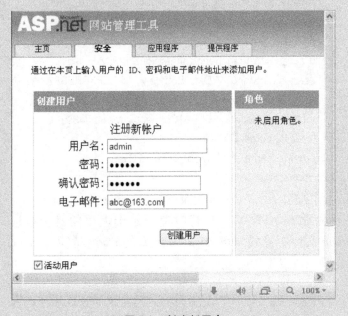

图 7-3 创建新用户

小 贴 士

① 这个账号是管理员账号,可以访问 ManageData 和 Messages 文件夹下的页面。

② 在"解决方案资源管理器"窗口中单击"刷新"按钮,再打开 App_Data 文件夹,可发现系统自动创建了一个名为 ASPNETDB. MDF 的数据库。该数据库的连接字符串定义在 Web. config 文件中,在"解决方案资源管理器"窗口最下方双击 Web. config 文件,查看代码如下:

Tips1 这个账号是管理员账号,可以访问 ManageData 和 Messages 文件夹下的页面。Tips2 在解决方案资源管理器窗口中单击刷新按钮,再打开 App_Data 文件夹,此时发现自动创建了一个名为 ASPNETDB. MDF 的数据库。与该数据库的连接字符串定义在 Web. config 文件中,在解决方案资源管理器窗口最下方双击 Web. config 文件,查看代码如下:

```
<connectionStrings >
    <add name =" ApplicationServices"
        connectionString =" data source =. \SQLEXPRESS;
        Integrated Security = SSPI;
        AttachDBFilename = |DataDirectory|\aspnetdb. mdf;
        User Instance = true"
        providerName =" System. Data. SqlClient" / >
    <add name =" zhongchengConnectionString"
        connectionString =" Data Source =. \SQLEXPRESS;
        AttachDbFilename = E:\zjc\App_Data\zhongcheng. mdf;
        Integrated Security = True; Connect Timeout =30;
        User Instance = True"
        providerName =" System. Data. SqlClient" / >
</connectionStrings >
```

③ 刚刚创建的用户 admin 记录已插入 aspnet_Users 表中。

④ 为了强制 ASP. NET 运行时使用基于表单的身份验证,需要在 Web. config 文件中设置 authentication 元素的 mode 特性为"Forms",则该文件中自动生成以下代码:

```
<authentication mode =" Forms" >
    <forms loginUrl =" ~/Account/Login. aspx" timeout =" 180" / >
</authentication >
```

其中 timeout 用来设置用户持续登录的时长,用"分钟"表示。一般较低的 timeout 值更安全,因为它们不提供无限制或持久的访问。但是较高的 timeout 值对用户而言更方便,这样就不需要在每次访问站点时都重新进行身份验证了。

(5)单击"创建用户"按钮创建"admin"用户,并继续创建新用户"user1"和"user2",密码分别为"user11"和"user22"。

小　贴　士

① "user1"和"user2"为会员账号,后续设置可使其访问 Messages 文件夹下的页面,但不可以访问 ManageData 文件夹下的页面。

② 在 Web. config 文件中成员设置代码如下:

```
<membership >
    <providers >
        <clear/ >
        <add name =" AspNetSqlMembershipProvider"
            type =" System. Web. Security. SqlMembershipProvider"
            connectionStringName =" ApplicationServices"
            enablePasswordRetrieval =" false"
            enablePasswordReset =" true"
            requiresQuestionAndAnswer =" false"
            requiresUniqueEmail =" false"
            maxInvalidPasswordAttempts =" 5"
            minRequiredPasswordLength =" 6"
            minRequiredNonalphanumericCharacters =" 0"
            passwordAttemptWindow =" 10"  applicationName =" /" / >
    </providers >
</membership >
```

其中 membership 的属性在表 7-1 中详细介绍。

表 7-1　membership 的属性

属　性	描　述
ApplicationName	应用程序的名称
connectionStringName	指向应用程序的连接字符串的名称
EnablePasswordReset	是否允许用户重置其密码
EnablePasswordRetrieval	是否允许用户检索其密码
MaxInvalidPasswordAttempts	锁定账户前允许的无效密码或无效密码提示问题答案尝试次数
MinRequiredNonalphanumeric Characters	有效密码中必须包含的最少特殊字符数

（6）单击"安全"标签回到安全设置窗口并单击"启用角色"链接,紧接着单击"创建或管理角色",在窗口中创建管理用户"manager"角色,如图7-4 所示。

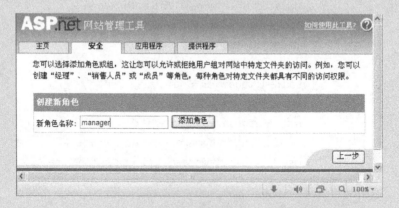

图 7-4　添加角色

（7）单击"添加角色"按钮,继续添加普通用户"user"角色。

小　贴　士

◆ 在 **Web. config** 文件中配置角色管理

```
< providers >
    < clear / >
    < add name = " AspNetSqlRoleProvider"
        type = " System. Web. Security. SqlRoleProvider"
        connectionStringName = " ApplicationServices"
        applicationName = " /" / >
    < add name = " AspNetWindowsTokenRoleProvider"
        type = " System. Web. Security. WindowsTokenRoleProvider"
        applicationName = " /" / >
</ providers >
```

（8）单击"安全"标签。

（9）单击"创建访问规则"，打开"添加新访问规则"窗口，如图 7-5 所示。

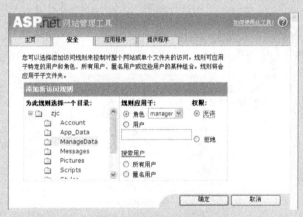

图 7-5　添加访问规则

（10）在窗口左边目录树中选中"ManageData"目录，在右边"角色"下拉列表中选中"manager"角色，在"权限"中选择"允许"，单击"确定"按钮。

（11）继续为"ManageData"目录添加两条访问规则：拒绝 User 用户和拒绝匿名用户。

◆ 配置 Web 应用程序使用角色

打开 ManageData 文件夹下的 Web. config 文件,可见之前的设置已自动生成以下代码:

```
< configuration >
    < system. web >
     < authorization >
       < allow roles = " manager" / >
       < deny roles = " user" / >
       < deny users = " ?" / >
     </ authorization >
    </ system. web >
</ configuration >
```

当 ASP. NET 运行处理页面请求时,它会检查配置文件以确定是否允许当前用户访问该资源。其中,"?"表示未通过身份验证的用户或匿名用户;"＊"表示所有用户。

(12)为"Messages"文件夹添加访问规则"拒绝匿名用户",单击"确定"按钮,如图 7-6 所示。

图 7-6　添加新访问规则

◆ 配置 Web 应用程序使用角色

打开 Messages 文件夹下的 Web. config 文件,可见之前的设置已自动生成以下代码:

```
< configuration >
    < system. web >
       < authorization >
          < deny users = " ?" / >
       </ authorization >
    </ system. web >
</ configuration >
```

（13）单击"完成"按钮，单击"管理用户"链接，打开新窗口，如图 7-7 所示。

图 7-7　管理用户

（14）单击"admin"用户所在行的"编辑角色"链接，勾选"manager"、"user"复选框，如图 7-8 所示。

图 7-8　为用户编辑角色

（15）单击"user1"用户所在行的"编辑角色"链接，勾选"user"复选框。

（16）单击"user2"用户所在行的"编辑角色"链接，勾选"user"复选框。

小　贴　士

以上所做的所有设置，不仅在 Web. config 文件中会有所体现，数据库 ASPNETDB. MDF 也有相应变化，观察即可见 aspnet_Users，aspnet_Roles，aspnet_Membership 等表中的数据都发生了变化。

（17）单击"运行"按钮，在浏览器中打开网站首页。

（18）单击"数据管理"菜单并不能打开相应管理页面，而是跳转到了登录页面。

（19）在登录页面中输入用户名"admin"，密码"000000"，登录成功后可打开管理页面。

小 贴 士

① 如果不能打开管理页面，请回到 WSAT（网站管理工具）中，确保所使用的账户指派了 manager 角色。另外，可能还需要在 Windows 托盘栏停止使用内置的 Web 开发服务器，然后再次打开 Login 页面。

② WSAT 只在本地机器上可用，因此，它适合在开发时设置初始用户和角色，但不适合在产品环境中管理用户。

（20）存盘。

工作理论依据

7.2.1　Web. config 文件

在【工作过程一】中已多次提到 Web. config 文件，下面对其进行详细介绍。

. NET 提供了一种便捷的保存项目配置信息的办法，那就是利用配置文件，配置文件的后缀一般是. config，在 ASP. NET 中配置文件名一般默认是 Web. config。每个 Web. config 文件都是基于 XML 的文本文件，并且可以保存到 Web 应用程序的任何目录中。

当通过. NET 新建一个 Web 应用程序后，默认情况下会在根目录自动创建一个默认的 Web. config 文件，包括默认的配置设置，所有的子目录都继承它的配置设置。如果想修改子目录的配置设置，可以在该子目录下新建一个 Web. config 文件，它可以提供除从父目录继承的配置信息以外的配置信息，也可以重写或修改父目录中定义的设置。

在运行时，对 Web. config 文件的修改不需要重启服务器就可以生效（< Process Model > 节点例外）。当然 Web. config 文件是可以扩展的，可以自定义新配置参数并编写配置节处理程序对其进行处理。

ASP. NET 网站启动时会加载配置文件中的配置信息,然后将其缓存,这样就不必每次都去读取配置信息了。在运行过程中,ASP. NET 应用程序会监视配置文件的变化情况,一旦配置信息发生变化,就会重新读取配置信息并缓存。

读取某个节点或者节点组信息时,是按照以下方式搜索的:

(1) 如果当前页面所在目录下存在 Web. config 文件,则查看是否存在所要查找的节点名称,若存在则返回结果并停止查找。

(2) 如果当前页面所在目录下不存在 Web. config 文件或者 Web. config 文件中不存在该节点名,则查找它的上级目录,直到网站的根目录。

(3) 如果网站根目录下不存在 Web. config 文件或者 Web. config 文件中不存在该节点名,则在"% windir% \ Microsoft. NET \ Framework \ v2. 0. 50727 \ CONFIG\web. config"文件中查找。

(4) 如果"% windir% \ Microsoft. NET \ Framework \ v2. 0. 50727 \ CONFIG \ web. config"文件中不存在相应节点,则在"% windir% \ Microsoft. NET \ Framework\v2. 0. 50727\CONFIG\machine. config"文件中查找。

(5) 如果仍然没有找到,则返回空值 null。

因此,如果对某个网站或者某个文件夹有特定要求的配置,可以在相应的文件夹下创建一个 Web. config 文件,覆盖上级文件夹 Web. config 文件中的同名配置即可。这些配置信息只查找一次,以后便被缓存起来供后续调用。在 ASP. NET 应用程序运行过程中,如果 Web. config 文件发生更改,就会导致相应的应用程序重新启动,这时存储在服务器内存中的用户会话信息就会丢失(如存储在内存中的 Session)。某些软件(如杀毒软件)每次完成对 Web. config 的访问后就会修改 Web. config 的访问时间属性,这也会导致 ASP. NET 应用程序的重启。

Web. config 文件的根节点是 < configuration > ,在 < configuration >节点下的常见子节点有以下几种。

1. < configSections > 节点

< configSections > 节点指定了配置节和处理程序声明。由于 ASP. NET 不对如何处理配置文件内的设置作任何假设,因此这显得非常必要。但 ASP. NET 会将配置数据的处理委托给配置节处理程序。配置结构信息如下:

```
< configSections >
< ! - -定义配置节处理程序与配置元素之间的关联。- - >
```

```
    <section/>
    <！--定义配置节处理程序与配置节之间的关联。-->
    <sectionGroup/>
    <！--移除对继承的节和节组的引用。-->
    <remove/>
    <！--移除对继承的节和节组的所有引用,只允许由当前 section 和 section-
Group 元素添加的节和节组。-->
    <clear/>
  </configSections>
```

每个 section 元素标识一个配置节或元素以及对该配置节或元素进行处理的关联 ConfigurationSection 派生类。在 sectionGroup 元素中可以对 section 元素进行逻辑分组,以便对 section 元素进行组织并避免命名冲突。

如果配置文件中包含 configSections 元素,则 configSections 元素必须是 configuration 元素的第一个子元素。

2. <appSettings>节点

<appSettings>节点用于保存一些 ASP. NET 应用程序的配置信息。格式如下:

```
    <appSettings>
      <add key="ImageType" value=".jpg;.bmp;.gif;.png;.jpeg"/>
      <add key="FileType" value=".jpg;.bmp;.gif;.png;.jpeg;.pdf"/>
    </appSettings>
```

3. <connectionStrings>节点

<connectionStrings>节点用来连接数据库。在该节点中可以添加任意多的连接字符串,将来可通过代码的方式动态获取节点的值来实例化数据库连接对象,这样一旦部署时数据库连接信息发生变化,仅须更改此处的配置即可,而不必改动程序代码和重新部署。

以下是一个<connectionStrings>节点配置的例子:

```
    <connectionStrings>
      <add name="ApplicationServices"
      connectionString=" data source=.\SQLEXPRESS;
                        IntegratedSecurity=SSPI;
          AttachDBFilename=IDataDirectoryI\aspnetdb. mdf;
          User Instance=true"
      providerName=" System. Data. SqlClient" />
```

```
< add name = " zhongchengConnectionString"
    connectionString = " Data Source = . \SQLEXPRESS;
        AttachDbFilename = E:\zjc\App_Data\zhongcheng. mdf;
        IntegratedSecurity = True;Connect Timeout = 30;
        User Instance = True"
    providerName = " System. Data. SqlClient"  / >
</connectionStrings >
```

这样做的好处是,一旦开发时所用的数据库和部署时的数据库不一致,仅需用记事本之类的文本编辑工具编辑 connectionString 属性的值即可。

4. < system. web > 节点

< system. web > 节点为. NET 应用程序的行为方式配置节点。该节点包含很多子节点。多数子节点已由. NET 配置好,这里介绍一些常见的配置节点。

(1) < customErrors > 节点

< customErrors > 节点用于定义一些自定义错误信息。例如:

```
< customErrors defaultRedirect = " GenericError. htm"  mode = " RemoteOnly" >
    < error statusCode = " 500"  redirect = " InternalError. htm" / >
</customErrors >
```

此节点有 Mode 和 defaultRedirect 两个属性,其中 defaultRedirect 属性是一个可选属性,表示应用程序发生错误时重定向到默认 URL,如果没有指定该属性,则显示一般性错误。Mode 属性是一个必选属性,有三个可能值,它们所代表的意义如下:

➢ On:表示本地和远程用户都会看到自定义错误信息。

➢ Off:禁用自定义错误信息,本地和远程用户都会看到详细的错误信息。

➢ RemoteOnly:表示本地用户将看到详细错误信息,而远程用户将看到自定义错误信息。

在开发调试阶段,为了便于查找错误,建议将 Mode 属性设置为"Off",而在部署阶段应将 Mode 属性设置为"On"或者"RemoteOnly",以避免这些详细的错误信息暴露程序代码细节从而招致黑客入侵。

在 < customErrors > 节点下还包含 < error > 子节点,这个节点主要根据服务器的 HTTP 错误状态代码而重定向到自定义的错误页面。注意:要使 < error > 子节点下的配置生效,必须将 < customErrors > 节点的 Mode 属性设置为"On"。

在上面所举的例子中，如果发生 statusCode = " 500" 的错误，就会跳转到 "InternalError. htm"页面，因此可以在该页面中给出友好的错误提示。

（2）＜authentication＞节点

该节点配置 ASP. NET 身份验证方案，控制用户对网站、目录或者单独页的访问。例如：

```
<authentication mode =" Forms" >
    <forms loginUrl =" ~/Account/Login. aspx"  timeout =" 2880" / >
</authentication >
```

Mode 属性包含四种身份验证模式：Windows（默认）、Forms（将 ASP. NET 基于窗体的身份验证指定为身份验证模式）、Passport（将 Microsoft Passport Network 身份验证指定为默认身份验证模式）、None（不指定任何身份验证，应用程序仅期待匿名用户，否则它将提供自己的身份验证）。

（3）＜compilation＞节点

＜compilation＞节点配置 ASP. NET 使用的所有编译设置。默认的 debug 属性为"true"，即允许调试，这种情况会影响网站的性能，所以在程序编译完成交付使用之后应将其设为"false"。例如：

```
<compilation debug =" true"  strict =" false"  explicit =" true"
targetFramework =" 4.0" / >
```

其中，explicit 属性指定是否设置 Microsoft Visual Basic explicit 编译选项。如果为 true，则必须使用 Dim，Private，Public 或 ReDim 语句声明所有变量，其默认值为 true。

strict 属性指定是否启用 Visual Basic strict 编译选项，默认值为 false。

（4）＜httpRuntime＞节点

＜httpRuntime＞节点用于对 ASP. NET HTTP 运行库进行设置。该节点可以在计算机、站点、应用程序和子目录级别声明。例如下面的配置控制用户最大能上传的文件为 40M（40 × 1024K），最大超时时间为 60 秒，最大并发请求为 100 个。

```
<httpRuntime maxRequestLength =" 40960"
              executionTimeout =" 60"
              appRequestQueueLimit =" 100" / >
```

5. ＜location＞节点

location 节点用来指定子配置的资源。如果在 ASP. NET 应用程序中想对某个目录进行特殊处理，则可以利用该节点来实现。

下面的代码示例演示如何将指定页的上载文件大小限制设置为512KB。

```
<configuration>
  <location path =" UploadPage. aspx" >
    <httpRuntime maxRequestLength =" 512" / >
  </location>
</configuration>
```

以下代码示例为指定目录的图片加水印：

```
<configuration>
<location path =" images" >
<system. web>
<httpHandlers>
<add verb =" * " path =" * . jpg" type =" ImageHandler" / >
<! - -图片水印设置 Handler - - >
</httpHandlers>
</system. web>
</location>
</configuration>
```

6. < sessionState > 节点

< sessionState > 节点用于配置当前 ASP. NET 应用程序的会话状态。在 ASP. NET 应用程序中启用 Cookie,并且指定会话状态模式为在进程中保存会话状态,同时指定会话超时为 30 分钟的代码如下：

```
<sessionState cookieless =" false" mode =" InProc" timeout =" 30" / >
```

其中,mode 属性可以是以下几种值之一：

➢ Custom：使用自定义数据存储会话状态数据。

➢ InProc：由 ASP. NET 辅助进程来存储会话状态数据。

➢ Off：禁用会话状态。

➢ SQLServer：使用进程外 SQL Server 数据库保存会话状态数据。

➢ StateServer：使用进程外 ASP. NET 状态服务存储状态信息。

一般默认情况下使用 InProc 模式来存储会话状态数据,这种模式的好处是存取速度快,缺点是比较占用内存,因此不宜在这种模式下存储大型的用户会话数据。

尽管安全性的概念在第 7 章才提及,但为确保创建一个可靠而安全的应用程序,需要从开发 Web 站点开始就关注安全性。最好尽早决定是否有一些区域只允许特定用户访问以及是否强制用户在访问前先在站点注册账户。越晚引入这些概念,集成这一功能面临的困难就越多。

另外,在创建角色区分 Web 站点上的用户时,应设法限制系统中不同角色的数目。相对于只拥有一两个用户的大量角色,系统更容易管理进行了逻辑分组的少量角色。

7.3 工作后思考

(1) 身份验证和授权的区别是什么?

(2) ManageData 文件夹现在拒绝除 manager 角色的用户以外的所有用户访问。如果想向 User 角色中的所有用户开放文件夹,该如何对 Web. config 文件进行更改?

(3) 假设有一个 Web 站点,其 Login 页面只有单个 Login 控件。如何对 Login控件进行更改,使得用户登录时能将页面导航到根目录下的指定页面?

第8章 更新数据库

本章要点： ● GridView,DetailsView 和 SqlDataSource 等控件的用法

技能目标： ● 使用 GridView,DetailsView 和 SqlDataSource 等控件显示、插入、编辑和删除数据

8.1 工作场景导入

【工作场景】

众诚数字科技有限公司需要开发一个网站以宣传、推广自己的公司及产品。随着公司对外业务的扩大,成功案例不断增加,服务领域也不断拓宽,数据库需要跟上公司的发展而不断增加、修改数据。

本次任务的目的:实现对公司数据的管理与维护。

【引导问题】

在第6章中已将公司所有成功案例列表展示,因为不需要修改数据,所以可以使用 DataList 控件。而本章中需要对数据进行修改、增加、删除,显然 DataList 控件不再适用,因而需要选择一种能够增加、修改、删除、选择数据的控件。本章将介绍如何使用 GridView 显示案例类型列表并可修改数据,但不可删除数据,如何使用 GridView 显示案例列表并可删除数据,但不可修改数据,且这两张表都有选择功能。此外还将介绍如何使用 DetailsView 控件实现案例数据的修改和增加。

首先需制作数据管理页面。

8.2 工作过程与理论依据

【工作过程一】 制作数据管理页面

（1）打开 zjc 站点。

（2）在"解决方案资源管理器"窗口中右击 ManageData 文件夹,在弹出

的快捷菜单中选择"添加新项"。

（3）在"添加新项"窗口中选中"将代码放在单独的文件中"、"选择母版页"这两个复选框，文件名为 ManageData. aspx。

小 贴 士

"添加新项"窗口中选项的说明见第 4 章【工作过程一】步骤（3）的小贴士。

（4）选择 ManageData 文件夹中的"Manage. master"母版，单击"确定"按钮。

（5）在工具箱标准分类中将 Panel 控件拖至 MainContent 容器中，在属性窗口中将 ScrollBars 属性设置为"Both"。

小 贴 士

ScrollBars 属性设置为"Both"后，Panel1 控件同时具有水平和垂直滚动条。

（6）在 Panel1 容器中输入"数据维护"，另起一行输入"案例类型"，段落对齐方式设置为"居中"。

（7）在"服务器资源管理器"窗口中依次打开数据连接节点、zhongcheng. mdf 节点、表节点，如图 8-1 所示，将"CaseType"表拖至 Panel1 容器中。

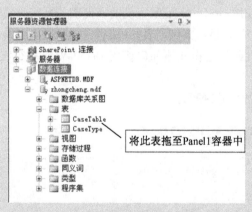

图 8-1　将"CaseType"表拖至 Panel1 容器中

将数据库表直接拖至页面中，默认使用 GridView 显示表数据。

（8）在"GridView"任务窗口中选中"启用排序"、"启用编辑"、"启用选定内容"，如图 8-2 所示。

图 8-2　GridView 任务窗口 1

① GridView1 控件设置为"不允许删除案例类型表中的数据"。

② 换一种方法实现步骤（7）和（8）。

A. 将 GridView 控件拖至 Panel1 控件中。

B. 单击 GridView 控件右上角的按钮，在弹出式菜单的下拉列表框中选择"新建数据源"。

C. 在"数据源配置向导"窗口中选择 SQL 数据库，单击"确定"按钮。

D. 在"配置数据源"窗口的下拉列表中选择"zhongchengConnectionString"，单击"下一步"按钮。

E. 选中单选按钮"指定来自表或视图的列"，名称选择"CaseType"，单击"下一步"按钮。

F. 单击"完成"按钮，页面显示如图 8-3 所示。

图 8-3　GridView 任务窗口 2

比较图 8-2 和图 8-3 可以发现,图 8-3 中没有"启用编辑"、"启用删除"两个选项。

在第 5 步时单击窗口右侧的"高级…"按钮(如图 8-4 所示),打开"高级 SQL 生成选项"窗口,如图 8-5 所示。

图 8-4　配置数据源窗口

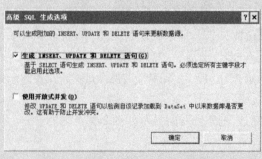

图 8-5　"高级 SQL 生成选项"窗口

选中"生成 INSERT、UPDATE 和 DELETE 语句"复选框,依次单击"确定"、"下一步"、"完成"按钮。这时 GridView 任务窗口中就有了"编辑"和"删除"选项。

将视图切换至"源",可见以下代码:

```
<asp:SqlDataSource ID =" SqlDataSource1"  runat =" server"
    ConnectionString =" <% $ ConnectionStrings:
                        zhongchengConnectionString % >"
    DeleteCommand =" DELETE FROM [CaseType]
                        WHERE [CaseTypeID] = @ CaseTypeID"
    InsertCommand =" INSERT INTO [CaseType] ([CaseTypeID],
                        [CaseTypeName])
                        VALUES (@ CaseTypeID, @ CaseTypeName)"
    ProviderName =" <% $ ConnectionStrings:
                        zhongchengConnectionString. ProviderName % >"
    SelectCommand =" SELECT [CaseTypeID], [CaseTypeName]
                        FROM [CaseType]"
    UpdateCommand =" UPDATE [CaseType]
                        SET [CaseTypeName] = @ CaseTypeName
                        WHERE [CaseTypeID] = @ CaseTypeID" >
    <DeleteParameters>
        <asp:Parameter Name =" CaseTypeID" Type =" String" / >
    </DeleteParameters>
    <InsertParameters>
        <asp:Parameter Name =" CaseTypeID" Type =" String" / >
        <asp:Parameter Name =" CaseTypeName" Type =" String" / >
    </InsertParameters>
    <UpdateParameters>
        <asp:Parameter Name =" CaseTypeName" Type =" String" / >
        <asp:Parameter Name =" CaseTypeID" Type =" String" / >
    </UpdateParameters>
</asp:SqlDataSource>
```

请找出代码与前面每一个步骤的联系并指出代码的意义。

（9）单击"编辑列…"链接打开字段窗口，在"选定的字段"列表中选中"CaseTypeID"，在"BoundField 属性"窗口中设置 HeaderText 属性为"类型代号"，Width 属性为"100px"，用同样的方法将"CaseTypeName"的 HeaderText 属性设置为"类型名称"，Width 属性设置为"100px"。

（10）单击 CommandField 字段，单击"下移"按钮两次，如图 8-6 所示，单击"确定"按钮。

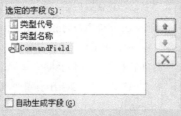

图8-6　字段下移

小 贴 士

CommandField 字段下移两次是为了将"编辑"和"选择"按钮显示在列表的右边，显示效果如图 8-7 所示。

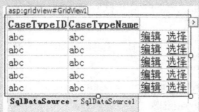

图8-7　案例类型表显示效果

否则，显示效果如图 8-2 所示。

（11）在属性窗口中设置 Width 属性为"300px"，打开 RowStyle 节点设置 HorizontalAlign 属性为"Center"。

需注意的是，这里是在属性窗口中设置的，而不是在字段窗口中设置的。

（12）在 GridView1 控件下方输入文字"案例表"，段落对齐方式设置为"居中"。

（13）将工具箱中 HyperLink 控件拖至案例表右边，设置 Text 属性为"添加案例数据"，NavigationUrl 属性设置为"addData. aspx"，Target 属性为"_blank"。

◆ 小 贴 士

◆ **Target**

＜a＞ 标签的 target 属性规定在何处打开链接文档，它的值及描述见表 8-1。

表 8-1　target 属性的值及意义

值	描　　述
_blank	在新窗口中打开被链接文档
_self	在相同的框架中打开被链接文档(默认值)
_parent	在父框架集中打开被链接文档
_top	在整个窗口中打开被链接文档
framename	在指定的框架中打开被链接文档。如指定窗口不存在，则浏览器将打开一个新窗口，窗口的标记为字符串，然后将文档载入这个窗口

注意：target 的前四个值都以下划线开始。任何其他用下划线作为开头的窗口或者目标都会被浏览器忽略，因此，不要将下划线作为文档中定义的任何框架 name 或 id 的第一个字符。

◆ **NavigationUrl**

NavigationUrl 属性指定链宿，即链接的目的地址。

（14）在"服务器资源管理器"窗口中将 CaseTable 表拖至 GridView1 控件下面。

（15）在"GridView 任务"窗口的"选择数据源"下拉列表中选择"新建数据源"，打开数据源配置窗口，选择连接字符串为"zhongchengConnectionString"，单击"下一步"按钮。

（16）选中单选按钮"指定来自表或视图的列"，名称选择"CaseTable"，如图 8-8 所示。

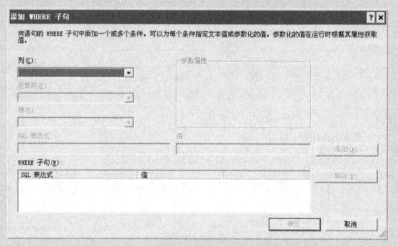

图 8-8　配置数据源窗口

（17）单击"Where…"按钮，打开"添加 WHERE 子句"窗口，如图 8-9 所示。

图 8-9　"添加 WHERE 子句"窗口

（18）在"列"中选择"CaseID"，"运算符"选择"＝"，"源"选择"Control"，"控件 ID"选择"GridView1"，"默认值"填写"01"，单击"添加"按钮，如图 8-10 所示。

图 8-10　"添加 WHERE 子句"窗口中的设置

小　贴　士

通过添加 WHERE 子句,建立了 GridView1 和 GridView2 之间的联系,也即单击 GridView1 中的某条记录,GridView2 会根据用户在 GridView1 所做的选择显示相应的记录。

将视图切换到"源",可见以下自动生成的代码:

< SelectParameters >

< asp：ControlParameter ControlID =" GridView1"　DefaultValue =" 01"

　　　Name =" CaseID"　PropertyName =" SelectedValue"

　　　Type =" String" / >

</ SelectParameters >

请找出代码中每个属性在步骤(18)中对应的操作。

(19) 单击"确定"按钮,再单击"高级…"按钮,勾选"生成 INSERT、UP-DATE 和 DELETE 语句"复选框,依次单击"确定"、"下一步"、"完成"按钮。

勾选"生成 INSERT、UPDATE 和 DELETE 语句"的目的,是为了使GridView2 具有自动插入、修改、删除数据的功能。

（20）在"GridView 任务"窗口中勾选"启用分页"、"启用删除"、"启用选定内容"复选框。

小 贴 士

将 GridView2 控件设置不允许对案例表的数据进行编辑，该表的数据编辑比较复杂，将在 EditData. aspx 页面中利用 DetailsView 控件进行数据的修改。

（21）单击"编辑列…"链接打开字段窗口，按表 8-2 设置各字段属性。

表 8-2　字段属性

名　称	HeaderText	Width
CaseID	案例代号	100
CaseTypeID	案例类型代号	80
CaseDescription	案例介绍	220
ImageName	案例截图	120
VideoName	案例视频	120
CompanyName	公司名称	120
ProductionDate	设计时间	80
CasePrice	案例价格	80

（22）单击 CommandField 字段，通过"下移"按钮将 CommandField 字段移至最下面。

（23）在属性窗口中设置 Width 属性为"1000px"，打开 RowStyle 节点设置 HorizontalAlign 属性为"Center"。

小 贴 士

HorizontalAlign 属性：设置 GridView 控件水平对齐方式为"居中"。

（24）在"解决方案资源管理器"窗口中双击"ManageData. aspx. vb"文件，如图 8-11 所示。

图 8-11　ManageData. aspx. vb 文件

（25）在代码窗口的对象列表中选择"GridView2"，在事件列表中选择"SelectedIndexChanged"，在光标闪烁处添加以下两行代码：

Session（"CaseID"）= GridView2. SelectedDataKey. Value

Response. Redirect（"EditData. aspx"）

添加代码后代码窗口如图 8-12 所示。

图 8-12　GridView2_SelectedIndexChanged 事件过程

小 贴 士

① 这两行代码在触发 GridView2 控件的 SelectedIndexChanged 事件时执行。

② 代码 Session（"CaseID"）= GridView2. SelectedDataKey. Value 的作用是，利用 Session 对象记录用户做出的选择，重定向到其他页面时，该值也会传递到那个页面。

③ 代 码 Response. Redirect（" EditData. aspx"）的 作 用 是 利 用 Response 对象重定向到页面"EditData. aspx"。

此外也可以利用 Server 对象实现重定向，代码如下：

Server. Transfer(" EditData. aspx")

（26）存盘。

 工作理论依据

在【工作过程一】中已使用了 GridView 控件，下面详细介绍 GridView 控件的使用方法。

8.2.1 GridView 控件

GridView 控件用于显示表中数据源的值，每列表示一个字段，而每行表示一条记录。GridView 控件支持下列功能：

➢ 绑定至数据源控件，如 SqlDataSource。

➢ 内置排序功能。

➢ 内置更新和删除功能。

➢ 内置分页功能。

➢ 内置行选择功能。

➢ 通过编程方式访问 GridView 对象模型以实现动态设置属性、处理事件等。

➢ 用于超链接列的多个数据字段。

➢ 可通过主题和样式进行外观的自定义。

若要绑定到某个数据源控件，应将 GridView 控件的 DataSourceID 属性设置为该数据源控件的 ID 值。GridView 控件自动绑定到指定的数据源控件，并且可利用该数据源控件的功能来执行排序、更新、删除和分页任务。这是绑定到数据源的首选方法。

若要绑定到某个实现 System. Collections. IEnumerable 接口的数据源，应以编程方式将 GridView 控件的 DataSource 属性设置为该数据源，然后调用 DataBind 方法。当使用此方法时，GridView 控件不提供内置的排序、更新、删除和分页功能，因而需要利用适当的事件提供此功能。

GridView 控件中的每一列由一个 DataControlField 对象表示。默认情况下，AutoGenerateColumns 属性被设置为"true"，为数据源中的每一个字段创建一个 AutoGeneratedField 对象，然后每一个字段按照在数据源中出现的顺序在 GridView 控件中呈现为一个列。

通过将 AutoGenerateColumns 属性设置为"false"，可自定义列字段集合，也可以手动控制显示在 GridView 控件中的字段。不同的列字段类型决定控件中各列的行为。表 8-3 列出了可以使用的不同列字段类型。

表 8-3　GridView 的列字段类型

列字段类型	描　述
BoundField	显示数据源中某个字段的值，这是 GridView 控件的默认列类型
ButtonField	为 GridView 控件中的每个项显示一个命令按钮，这样可以创建一列自定义按钮控件，如"添加"按钮或"移除"按钮
CheckBoxField	为 GridView 控件中的每一项显示一个复选框，此列字段类型通常用于显示具有布尔值的字段
CommandField	显示用来执行选择、编辑或删除操作的预定义命令按钮
HyperLinkField	将数据源中某个字段的值显示为超链接
ImageField	为 GridView 控件中的每一项显示一个图像
TemplateField	此列字段类型可以创建自定义的列字段

若要以声明方式定义列字段集合，首先应在 GridView 控件的开始和结束标记之间添加 < Columns > 开始和结束标记；然后列出包含在 < Columns > 开始和结束标记之间的列字段，指定的列按列出的顺序添加到 Columns 集合中。Columns 集合存储该控件中的所有列字段，并且能够以编程方式管理 GridView 控件中的列字段。以下是在【工作过程一】中添加的 GridView1 的源代码：

```
< asp：GridView ID = " GridView1"  runat = " server"  AllowSorting = " True"
        AutoGenerateColumns = " False"  DataKeyNames = " CaseTypeID"
        DataSourceID = " SqlDataSource1"
        EmptyDataText = " 没有可显示的数据记录。" >
    < Columns >
        < asp：BoundField DataField = " CaseTypeID"
                        HeaderText = " CaseTypeID"
                        ReadOnly = " True"
```

SortExpression = " CaseTypeID" / >

< asp：BoundField DataField = " CaseTypeName"

HeaderText = " CaseTypeName"

SortExpression = " CaseTypeName" / >

< asp：CommandField ShowDeleteButton = " True"

ShowSelectButton = " True" / >

< / Columns >

< / asp：GridView >

1．GridView 控件的常见属性

GridView 控件的常见属性见表8-4。

表 8-4　GridView 控件的常见属性

属　　性	描　　述
AllowPaging	指示是否启用分页功能
AllowSorting	指示是否启用排序功能
AutoGenerateColumns	指示是否为数据源中每个字段自动创建绑定字段
AutoGenerateDeleteButton	指示每个数据行都带有"删除"按钮的 Command Field 字段列是否自动添加到 GridView 控件
AutoGenerateEditButton	指示每个数据行都带有"编辑"按钮的 Command Field 字段列是否自动添加到 GridView 控件
AutoGenerateSelectButton	指示每个数据行都带有"选择"按钮的 Command Field 字段列是否自动添加到 GridView 控件
Columns	获取表示 GridView 控件中列字段的 DataControlField 对象的集合
DataKeyNames	获取或设置一个数组，该数组包含了显示在 GridView 控件中的项的主键字段的名称
DataKeys	获取一个 DataKey 对象集合，这些对象表示 GridView 控件中每一行的数据键值
DataSource	获取或设置对象，数据绑定控件从该对象中检索其数据项列表
DataSourceID	获取或设置控件的 ID,数据绑定控件从该控件中检索其数据项列表
Enabled	指示是否启用 Web 服务器控件
HorizontalAlign	GridView 控件在页面上的水平对齐方式
ID	获取或设置分配给服务器控件的编程标识符
Page	获取对包含服务器控件的 Page 实例的引用

续表

属　性	描　　述
PageCount	GridView 控件中显示数据源记录所需页数
PageIndex	获取或设置当前显示页的索引
PageSize	GridView 控件在每页上所显示的记录的数目
SortDirection	获取正在排序的列的排序方向
SortExpression	获取与正在排序的列关联的排序表达式

AutoGenerateEditButton，AutoGenerateDeleteButton 或 AutoGenerate Select-Button 属性均设置为"true"时，GridView 控件可自动添加带有"编辑"、"删除"或"选择"按钮的 CommandField 列字段。若要启用分页，请将 AllowPaging 属性设置为"true"。GridView 控件可自动将数据源中的所有记录分成多页，而不是同时显示这些记录。在回发时根据存储在 ViewState 中的信息重新创建 GridView 控件。如果 GridView 控件包含 CausesValidation 属性设置为"true"的 Template Field 或 CommandField，则也必须将 EnableViewState 属性设置为"true"，以确保更新和删除的并发数据操作能应用于适当的行。

2. GridView 控件的常用方法

表 8-5　GridView 控件的常用方法

方　法	描　　述
CreateRow	在 GridView 控件中创建行
DataBind	将数据源绑定到 GridView 控件，不能继承此方法
DeleteRow	从数据源中删除位于指定索引位置的记录
Dispose	服务器控件在从内存中释放之前执行最后的清理操作
FindControl(String)	在当前命名容器中搜索指定 id 参数的服务器控件
Focus	为控件设置输入焦点
GetData	检索数据绑定控件用于执行数据操作的 DataSourceView 对象
GetDataSource	检索与数据绑定控件关联的 IDataSource 接口
GetType	获取当前实例的 Type
HasControls	确定服务器控件是否包含任何子控件
OpenFile	获取用于读取文件的 Stream
RemovedControl	在子控件从 Control 对象的 Controls 集合中移除后调用
SelectRow	选择要在 GridView 控件中编辑的行

续表

方　法	描　述
Sort	根据指定排序表达式和方向对 GridView 控件进行排序
ToString	返回表示当前对象的字符串
UpdateRow	使用行字段值更新位于指定行索引位置的记录

3. GridView 控件的常用事件

GridView 控件的常用事件见表 8-6。

表 8-6　GridView 控件的常用事件

事　件	描　述
PageIndexChanged	在单击某一页导航按钮时,GridView 控件处理分页操作之后发生
PageIndexChanging	在单击某一页导航按钮时,GridView 控件处理分页操作之前发生
RowCancelingEdit	单击编辑模式中某一行的"取消"按钮后,该行退出编辑模式之前发生
RowCommand	在单击 GridView 控件中的按钮时发生
RowCreated	在 GridView 控件中创建行时发生
RowDataBound	在 GridView 控件中将数据行绑定到数据时发生
RowDeleted	在单击某一行的"删除"按钮时,GridView 控件删除该行之后发生
RowDeleting	在单击某一行的"删除"按钮时,GridView 控件删除该行之前发生
RowEditing	在单击某一行"编辑"按钮后,GridView 控件进入编辑模式之前发生
RowUpdated	在单击某一行"更新"按钮后,GridView 控件对该行进行更新之后发生
RowUpdating	在单击某一行"更新"按钮后,GridView 控件对该行进行更新之前发生
SelectedIndexChanged	在单击某一行"选择"按钮后,GridView 控件对相应的选择操作进行处理之后发生
SelectedIndexChanging	在单击某一行的"选择"按钮后,GridView 控件对相应的选择操作进行处理之前发生
Sorted	在单击用于列排序的超链接时,GridView 控件对相应的排序操作处理之后发生
Sorting	在单击用于列排序的超链接时,GridView 控件对相应的排序操作处理之前发生

GridView 控件提供多个可以对其进行编程的事件,在每次发生事件时都可以运行一个自定义程序。

GridView 控件可用来显示用户输入,而该输入可能包含恶意的客户端脚本。应用程序在显示从客户端发送来的任何信息之前,须检查它们是否包含可执行脚本、SQL 语句或其他代码。只要条件许可,强烈建议在这些值显示之前对它们进行 HTML 编码(默认情况下,BoundField 类会对值进行 HTML 编码)。ASP. NET 提供输入请求验证功能可阻止用户输入中的脚本和 HTML,还提供验证服务器控件以判断用户输入。

GridView 控件不支持直接将记录插入数据源。但是,通过将 GridView 控件与 DetailsView 或 FormView 控件结合使用可以插入记录。

【工作过程二】　制作数据修改页面

(1) 打开 zjc 站点。

(2) 在"解决方案资源管理器"窗口中右击 ManageData 文件夹,在弹出的快捷菜单中选择"添加新项"。

(3) 在"添加新项"窗口中选中"将代码放在单独的文件中"、"选择母版页"两个复选框,文件名为 EditData. aspx。

小　贴　士

"添加新项"窗口中选项的说明详见第 4 章【工作过程一】中步骤(3)的小贴士。

(4) 选择 ManageData 文件夹中的"Manage. master"母版,单击"确定"按钮。

(5) 在工具箱"数据"分类中将 DetailsView 控件拖至 MainContent 容器中。

(6) 在"选择数据源"下拉列表中选择"新建数据源"。

(7) 在"数据源配置向导"窗口中单击"SQL 数据库"图标,单击"确定"按钮。

(8) 在下拉列表框中选择"zhongchengConnectionString",单击"下一步"按钮。

在第 6 章【工作过程一】中创建的数据库连接字符串"zhongcheng Con-nectionString"可以反复利用,该连接字符串存储在 Web. config 文件中。此处不需要重新配置。

(9)在"配置数据源"窗口中选中"指定来自表或视图的列",在"名称"下拉列表中选择"CaseTable",单击"Where…"按钮。

(10)如图 8-13 所示进行以下设置:在"列"下拉列表中选择"CaseID",运算符下拉列表中选择"=","源"下拉列表中选择"Session",在"会话字段"输入"CaseID",依次单击"添加"、"确定"按钮。

图 8-13 添加 WHERE 子句

(11)单击"高级…"按钮以打开"高级 SQL 生成选项"窗口,如图 8-14 所示。

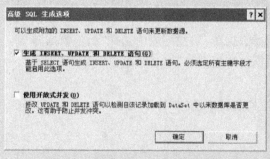

图 8-14 "高级 SQL 生成选项"窗口

（12）在"高级 SQL 生成选项"窗口中勾选"生成 INSERT、UPDATE 和 DELETE 语句"，单击"确定"按钮。

（13）依次单击"下一步"、"完成"按钮。

（14）在"DetailsView 任务"窗口中选中"启用编辑"。

（15）在"DetailsView 任务"窗口中单击"编辑字段…"。

（16）依次将"CaseID"、"CaseTypeID"、"CaseDescription"、"Image-Name"、"VideoName"、"CompanyName"、"ProductionDate"、"CasePrice"字段的 HeaderText 属性设置为"案例代号"、"案例类型"、"案例介绍"、"案例图片"、"案例视频"、"公司名称"、"设计时间"、"案例价格"。

（17）依次将"案例类型"、"图片名称"、"视频名称"、"设计时间"转换为"TemplateField"，如图 8-15 所示，单击"确定"按钮。

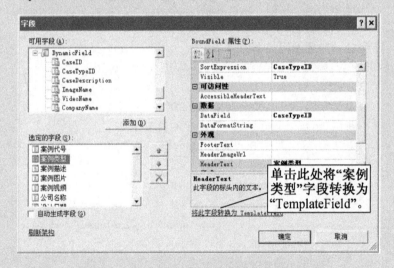

图 8-15　"字段"窗口

◆ **TemplateField**

DetailsView 控件中的一个重要的列类型是 TemplateField，使用它可以完全定制列的内容，灵活地自定义添加一些控件及绑定数据。

在转换之前 DetailsView 控件的部分源码如下：

```
<asp：DetailsView ID =" DetailsView1"  runat =" server"
                    AutoGenerateRows =" False"
                    DataKeyNames =" CaseID"
                    DataSourceID =" SqlDataSource1"
                    Height =" 50px"  Width =" 265px"  >
    <Fields >
        <asp：BoundField DataField =" CaseID"  HeaderText =" 案例代号"
                    ReadOnly =" True"  SortExpression =" CaseID" / >

        <asp：BoundField DataField =" CasePrice"  HeaderText =" 案例价格"
                    SortExpression =" CasePrice" / >
        <asp：CommandField ShowEditButton =" True" / >
    </Fields >
</asp：DetailsView >
```

转换之后部分源码如下：

```
<asp：DetailsView ID =" DetailsView1"  ……Width =" 265px"  >
    <Fields >
        <asp：BoundField DataField =" CaseID"  …… / >
        <asp：TemplateField HeaderText =" 案例类型"
                    SortExpression =" CaseTypeID"  >
                                    ⋮
            <EditItemTemplate >
                <asp：TextBox ID =" TextBox1"  runat =" server"
                            Text =' < %#Bind(" CaseTypeID" )  % >' >
                </asp：TextBox >
            </EditItemTemplate >
            <InsertItemTemplate >
                <asp：TextBox ID =" TextBox1"  runat =" server"
                            Text =' < %#Bind(" CaseTypeID" )  % >' >
                </asp：TextBox >
            </InsertItemTemplate >
            <ItemTemplate >
                <asp：Label ID =" Label1"  runat =" server"
                            Text =' < %#Bind(" CaseTypeID" )  % >' >
```

```
                </asp:Label >
            </ItemTemplate >
        </asp:TemplateField >
                    ⋮
        <asp:BoundField DataField =" CasePrice"  HeaderText =" 案例价格"
                    SortExpression =" CasePrice" / >
        <asp:CommandField ShowEditButton =" True" / >
    </Fields >
</asp:DetailsView >
```

观察以上代码可知,转换后的代码很长,被转换的字段由原来的 1 行代码变成了 11 行,里面包含许多控件,并且允许修改。由此可以看出:DetailsView 控件中的 TemplateField 可以完全定制列的内容,灵活地自定义添加一些控件及绑定数据。

（18）在属性窗口中将 DetailsView1 控件的 Width 属性设置为 "460px",HorizontalAlign 属性设置为"Center"。

（19）在属性窗口中打开"FieldHeaderStyle"节点,设置其中的 Width 属性为"80px"。

（20）在属性窗口中将 DefaultMode 属性设置为"Edit"。

（21）单击 DetailsView1 控件右上角的按钮打开"DetailsView 任务"窗口。

（22）单击窗口最下面的"编辑模板",进入模板编辑模式。

小 贴 士

在编辑之前,该页面运行后的效果如图 8-16 所示。

案例代号	0114010501
案例类型	01
案例描述	众诚宣传动画
案例图片	0114010501.jpg
案例视频	0114010501.flv
公司名称	
设计日期	
案例价格	
更新 取消	

图 8-16 DetailsView 控件修改之前的效果

通过修改 DetailsView 控件,页面运行后的效果如图 8-17 所示。

图 8-17　DetailsView 控件修改之后的效果

（23）单击"案例类型"下面的"EditItemTemplate",以便修改案例类型字段模板,如图 8-18 所示。

图 8-18　字段模板

小　贴　士

◆ **TemplateField**

由图 8-18 可以看出,每个被转换成 TemplateField 的字段有五个模板,可根据需求自由选择,这五个模板的作用分别如下:

① AlternatingItemTemplate 用于显示 TemplateField 对象中交替项。

② EditItemTemplate 用于显示 TemplateField 对象中处于编辑模式中的项。

③ InsertItemTemplate 用于显示 TemplateField 对象中处于插入模式中的项。

④ ItemTemplate 用于显示数据绑定控件中的项。

⑤ HeaderTemplate 用于显示 TemplateField 对象的标头部分。

（24）选中 TextBox1 控件，在属性窗口中修改 ID 属性为"tbType"。

（25）在工具箱"标准"分类中将 DropDownList 控件拖至 tbType 控件之后。

◇ 小 贴 士

人工修改案例类型时，容易出现输入错误，因此提供下拉列表控件供用户选择输入更为方便、可靠。

（26）在"DropDownList 任务"窗口中勾选"启用 AutoPostBack"，再单击"选择数据源"。

◇ 小 贴 士

AutoPostBack 属性用于设置或返回当用户在 DropDownList 控件中做出选择时，是否发生自动回传到服务器的操作。

如果把该属性设置为"True"，则启用自动回传，否则为"False"。默认值为"False"。

（27）在"选择数据源"下拉列表中选择"新建数据源"。

（28）在"配置数据源向导"窗口中单击"SQL 数据库"图标，为数据源指定 ID 为"SqlDataSource2"，单击"确定"按钮。

（29）在数据连接下拉列表中选择"zhongchengConnectionString"，单击"下一步"按钮。

（30）选中"指定来自表或视图的列"单选按钮，在"名称"下拉列表中选择"CaseType"表，依次单击"下一步"、"完成"按钮。

（31）在新窗口中按照图 8-19 进行设置后单击"确定"按钮。

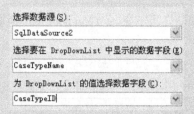

图 8-19 DropDownList1 控件设置

"选择要在 DropDownList 中显示的数据字段":在客户端显示的内容。

"为 DropDownList 的值选择数据字段":提供给程序用的内容。

这两部分内容存在一一对应关系。例如,显示字段是"我、你、他",提供给程序使用的内容为"0,1,2"。

（32）双击 DropDownList1 控件打开"代码编辑器",输入如下代码:

```
Dim tbType As TextBox = Me. DetailsView1. FindControl("tbType")
Dim DDL1 As DropDownList = Me. DetailsView1. FindControl("DropDown-
List1")
        tbType. Text = DDL1. SelectedValue
```

以上三句代码实现了文本框数据与下拉列表数据的同步,即用户的选择会显示在文本框中。此处也可以省略文本框,用户的选择直接提交给相应代码处理。请思考怎样实现?

（33）单击 DetailsView1 控件右上角的按钮,在"显示"下拉列表中单击"案例图片"字段下面的"EditItemTemplate",以便修改"案例图片"字段的编辑模板。

EditItemTemplate 的作用参见步骤（23）的小贴士。

（34）在案例图片字段模板中选中"TextBox1",在属性窗口中修改 ID 属性为"tbPic"。

（35）在工具箱"标准"分类中将 Label 控件拖至 tbPic 控件之后。

（36）在属性窗口中设置 Label 控件的 Text 属性为"注:图片文件名上传后自动改为案例代号"。

> **小　贴　士**
>
> 图片文件名上传后自动改为案例代号的功能需编程实现。

（37）在工具箱标准分类中将 FileUpload 控件拖至 tbPic 控件之下。

> **小　贴　士**
>
> FileUpload 控件用于上传文件,详见 8.2.3。

（38）在属性窗口中设置 FileUpload 控件的 ID 属性为"upImage"。

（39）在工具箱"标准"分类中将 Button 控件拖至 upImage 控件之后。

（40）在属性窗口中设置 Button1 控件的 ID 属性为"btnAddPic",UseSubmitBehavior 属性为"False"。

> **小　贴　士**
>
> **◆ 将"UseSubmitBehavior"属性设置为"False"的原因**
>
> 服务器按钮默认为"提交"按钮,如果该属性不设置为"False",当单击此按钮时,不会执行 onClick 事件指定的"btnAddVideo_Click"过程。

（41）在工具箱"标准"分类中将 Label 控件拖至 upImage 控件之下。

（42）在属性窗口中设置 Label1 控件的 Text 属性为"注:图片格式要求为 jpg",设置 ForeColor 属性为"Red"。

（43）在工具箱"标准"分类中将 RegularExpressionValidator 控件拖至 Label1 控件之后。

> **小　贴　士**
>
> RegularExpressionValidator 控件用于验证相关输入控件的值是否匹配正则表达式指定的模式。
>
> 关于正则表达式请参考 8.2.5 验证控件之 RegularExpressionValidator 控件的介绍。

（44）在属性窗口中设置 RegularExpressionValidator1 控件的 Controlto-Validate 属性为"upImage"，ValidationExpression 属性为". + \. (jpg | jpeg) $"，ForeColor 属性为"Red"，Text 属性为"您选择的图片格式不对，请重新选择!"。

小 贴 士

◆ **属性设置说明**

ControltoValidate：获取或设置要验证的输入控件。

ValidationExpression：获取或设置验证有效性的正则表达式。

ForeColor：获取或设置验证失败后显示的消息的颜色。

Text：获取或设置验证失败时验证控件中显示的文本。

该控件检查用户上传的图片是否为. jpg 或. jpeg 格式，它将自动生成客户端脚本，在客户端进行检查，也可关闭客户端检查，在服务器端检查。

（45）双击 btnAddPic 控件打开"代码编辑器"，在光标闪烁处输入如下代码：

```
Dim upImg As FileUpload = Me. DetailsView1. FindControl(" upImage" )
Dim tbPic As TextBox = Me. DetailsView1. FindControl(" tbPic" )
Dim filePath As String
Dim ext As String
Dim IsPic As Boolean = False
    ext = upImg. FileName        '获取文件上传控件中的文件名
    If ext. Length > 4 Then    '文件名长度至少大于4,否则没有正确选择文件
        ext = ext. Substring( ext. LastIndexOf(" ." ), 3)    '获取文件后缀名
    Select Case ext
        Case " . jpg"
            IsPic = True
        Case " . jpeg"
            IsPic = True
        Case Else
            IsPic = False
    End Select
Else
```

```
'如果不是 jpg 或 jpeg 文件就显示出错信息
    MsgBox("您选择的文件不是有效的图片文件,请重新选择!" , _
        MsgBoxStyle. Information + MsgBoxStyle. OkOnly, "出错了")
End If
If IsPic Then
    '当前记录主键的值赋给 Session 对象变量
    Session("CaseID") = DetailsView1. DataKey. Value
    '图片的新文件名显示在文本框中
    tbPic. Text = Session("CaseID") + ext
    '设置上传路径,即图片存放的位置
    filePath = " ~/Videos/VideoImages/" + Session("CaseID") + ext
    upImg. SaveAs(MapPath(filePath))        '图片上传
End If
```

◆ **MsgBox**

MsgBox 是一个函数,功能是弹出一个对话框,等待用户单击按钮,并返回一个 Integer 值表示用户单击了哪一个按钮。

语法:

    MsgBox (Prompt [,Buttons] [,Title] [,Helpfile,Context])

显示效果如图 8-20 所示。

图 8-20 MsgBox 函数效果

参数介绍详见 8.2.6。

◆ 为什么要进行双重数据验证?

虽然在步骤(43)、步骤(44)中添加了验证控件用于检查用户对图片的选择,但如果客户端脚本执行被关闭,那么就会未进行检查就直接提交数据,这样做是很危险的,因此通常既在客户端检查又在服务器端检查,也可通过 Page. IsValid 实现服务器端验证。

（46）模仿步骤（33）到步骤（44），修改"案例视频"字段的编辑模板，外观设计如图 8-21 所示。

```
asp:DetailsView#DetailsView1
DetailsView1 - Field[4] - 案例视频
EditItemTemplate
[                    ] 注：视频文件名上传后自动改为案例代号
                         浏览...   上传视频
视频文件大小不能超过400M
```

图 8-21　"案例视频"字段的编辑模板

其中 TextBox 控件的 ID 属性为"tbVideo"，FileUpLoad 控件的 ID 属性为"upVideo"；Button 控件的 ID 属性为"btnAddVideo"，UseSubmitBehavior 属性为"False"；RegularExpressionValidator 控件的 ControltoValidate 属性为"upVideo"，ValidationExpression 属性为". + \.（FLV | flv）\$"，ForeColor 属性为"Red"，Text 属性为"您选择的视频格式不对，请重新选择！"。

（47）双击 btnAddVideo 控件打开"代码编辑器"，在光标闪烁处输入如下代码：

```
Dim upVideo As FileUpload = Me. DetailsView1. FindControl(" upVideo")
Dim tbVideo As TextBox = Me. DetailsView1. FindControl(" tbVideo")
Dim filePath As String
Dim ext As String
ext = upVideo. FileName          '获取文件上传控件中的文件名
If ext. Length > 4 Then
    ext = ext. Substring( ext. LastIndexOf(".") , 4)      '获取文件后缀名
    Session(" CaseID") = DetailsView1. DataKey. Value
    tbVideo. Text = Session(" CaseID") + ext
End If
If ext = ". flv" Or ext = ". FLV" Then
    filePath = " ~/Videos/" + Session(" CaseID") + ext
    upVideo. SaveAs( MapPath( filePath))
End If
```

小贴士

① 此段代码没有考虑用户选择错误文件类型时给出出错信息，请仿照步骤（45）实现此功能。

② 要求用户上传的图片为 . flv 格式。

（48）双击"资源管理器"窗口中最下面的 Web. config 文件，在 Web. config 文件中找到 < system. web > 节点，在该节点中输入：

```
<httpRuntime maxRequestLength = "409600" / >
```

小 贴 士

代码 < httpRuntime maxRequestLength = "409600" / > 的作用是获取或设置请求的最大值，默认大小为 4096 KB（4 MB）。一般案例视频大小都超过 4MB，所以需要修改默认设置为 400MB。此限制可用于防止向服务器发送大型文件的用户所导致的拒绝服务攻击。

（49）单击 DetailsView1 控件右上角的按钮，在"显示"下拉列表中单击"设计时间"字段下面的"EditItemTemplate"，以便修改"设计时间"字段的编辑模板。

（50）在工具箱标准分类中将 Label 控件拖至 TextBox4 控件之后，并将 TextBox4 的 ID 属性改为"tbTime"。

（51）在属性窗口中设置 Label 控件的 Text 属性为"格式（英文输入法状态下）：1981 - 01 - 01（年、月、日中间是短横线，月、日需两位，不足前面补零）"。

小 贴 士

◆ 为什么要提示用户按格式输入？

因为该日期会更新至数据库，所以必须与数据库表中的 Production-Date 字段的类型一致。

（52）在工具箱标准分类中将 RegularExpressionValidator 控件拖至Label 控件之后。

（53）在属性窗口中设置 RegularExpressionValidator3 控件的 Controlto-Validate 属性为"tbTime"，ValidationExpression 属性为"\d{4}-\d{2}-\d{2}"，ForeColor 属性为"Red"，Text 属性为"您输入的日期格式不对，请重新输入！"。

（54）结束模板编辑，在工具箱"标准"分类中将 HyperLink 控件拖至 DetailsView 控件之下。

（55）在属性窗口中设置 HyperLink1 控件的 Text 属性为"返回数据管理页"，NavigateUrl 属性为"ManageData. aspx"。

（56）存盘。

数据更新界面如图 8-22 所示。

图 8-22　数据更新界面

工作理论依据

8.2.2　DetailsView 控件

DetailsView 控件用于在表中显示来自数据源的单条记录的值，其中记录的每个字段显示在表的一行中。使用 DetailsView 控件可以编辑、删除和插入记录。它可与 GridView 控件结合用于主/从方案。DetailsView 控件支持以下功能：

➢ 绑定至数据源控件，如 SqlDataSource。

➢ 内置插入功能。

➢ 内置更新和删除功能。

➢ 内置分页功能。

➢ 通过编程方式访问 DetailsView 对象模型以动态设置属性、处理事件等。

➢ 可通过主题和样式进行外观的自定义。

DetailsView 控件中的每个数据行都是通过声明一个字段控件创建的。不同的行字段类型确定控件中各行的行为。字段控件派生自 DataControlField。
表 8-7 列出了可以使用的不同行字段类型。

表 8-7　DetailsView 控件的行字段类型

行字段类型	描　　述
BoundField	以文本形式显示数据源中某个字段的值
ButtonField	在 DetailsView 控件中显示一个命令按钮。此行字段类型允许显示一个带有自定义按钮(如"添加"或"移除"按钮)控件的行
CheckBoxField	在 DetailsView 控件中显示一个复选框。此行字段类型通常用于显示具有布尔值的字段
CommandField	在 DetailsView 控件中显示用来执行编辑、插入或删除操作的内置命令按钮
HyperLinkField	将数据源中某个字段的值显示为超链接。此行字段类型允许将另一个字段绑定到超链接的 URL
ImageField	在 DetailsView 控件中显示图像
TemplateField	根据指定的模板,为 DetailsView 控件中的行显示用户定义的内容。此行字段类型允许创建自定义的行字段

1. DetailsView 控件的常用属性

DetailsView 控件的常用属性见表 8-8。

表 8-8　DetailsView 控件的常用属性

属　　性	描　　述
AllowPaging	设置是否启用分页功能
AutoGenerateDeleteButton	设置删除当前记录的内置控件是否在 DetailsView 控件中显示
AutoGenerateEditButton	设置编辑当前记录的内置控件是否在 DetailsView 控件中显示
AutoGenerateInsertButton	设置插入新记录的内置控件是否在 DetailsView 控件中显示
BackImageUrl	在 DetailsView 控件的背景中显示的图像的 URL
DataKey	获取一个 DataKey 对象,该对象表示所显示的记录的主键
DataKeyNames	获取或设置一个数组,该数组包含数据源的键字段的名称
DefaultMode	获取或设置 DetailsView 控件默认数据输入模式
Fields	获取 DataControlField 对象的集合,这些对象表示 DetailsView 控件中显式声明的行字段
FooterText	获取或设置要在 DetailsView 控件的脚注行中显示的文本

属　性	描　述
HeaderText	获取或设置要在 DetailsView 控件的标题行中显示的文本
HorizontalAlign	获取或设置 DetailsView 控件在页面上的水平对齐方式
InsertMethod	获取或设置控件执行插入操作时调用页面上的方法的名称
PageCount	获取数据源中的记录数
PageIndex	获取或设置所显示的记录的索引
PagerSettings	获取对 PagerSettings 对象的引用,该对象允许设置 DetailsView 控件中的页导航按钮的属性
Rows	获取表示 DetailsView 控件中数据行的 DetailsViewRow 对象的集合
SelectedValue	获取 DetailsView 控件中当前记录的数据键值
UpdateMethod	获取或设置控件执行更新操作时调用页面上的方法的名称

若将 AutoGenerateEditButton,AutoGenerateDeleteButton 或 AutoGenerate InsertButton属性均设置为"True",DetailsView 控件可自动添加带有"编辑"、"删除"或"新建"按钮的 CommandField 行字段。当 DetailsView 控件绑定到数据源控件时,它不仅可以利用该数据源控件的功能,还可提供自动更新、删除、插入和分页功能。

与"删除"按钮(该按钮立即删除选择的记录)不同,单击"编辑"或"新建"按钮时,DetailsView 控件分别进入编辑模式或插入模式。在编辑模式下,"编辑"按钮会被"更新"和"取消"按钮替换,适合于字段的数据类型的输入控件(如 TextBox 或 CheckBox 控件)与字段的值一起显示,以便用户进行修改。单击"更新"按钮更新数据源中的记录,而单击"取消"按钮则放弃所有更改。同样,在插入模式下,"新建"按钮会被"插入"和"取消"按钮替换,并显示空的输入控件以便用户为新记录输入值。

默认情况下,AutoGenerateRows 属性设置为"True",它为数据源中某个可绑定类型的字段自动生成一个绑定行字段对象。有效的可绑定类型包括 String,DateTime,Decimal 等。然后每个字段以文本形式按其出现在数据源中的顺序显示在一行中。

自动生成行提供了一种快速简单地显示记录中每个字段的方式。但是,若要使用 DetailsView 控件的高级功能,必须显式声明要包含在 DetailsView 控

件中的行字段。若要声明行字段,首先应将 AutoGenerateRows 属性设置为
"False"。接着,在 DetailsView 控件的开始和结束标记之间添加 < Fields > 开
始和结束标记。最后,列出想包含在 < Fields > 开始和结束标记之间的行字
段。操作完成后,指定的行字段即以所列出的顺序添加到 Fields 集合中。
Fields 集合允许以编程方式管理 DetailsView 控件中的行字段。

2. DetailsView 控件的常用方法

DetailsView 控件的常用方法见表 8-9。

表 8-9　DetailsView 控件的常用方法

方　法	描　述
ChangeMode	将 DetailsView 控件切换为指定模式
DataBind	基础结构,调用基类的 DataBind 方法
DeleteItem	从数据源中删除当前记录
InsertItem	将当前记录插入数据源中
IsBindableType	确定指定的数据类型是否可以绑定到 DetailsView 控件中的字段
SetPageIndex	设置 DetailsView 控件中当前显示页面的索引
UpdateItem	更新数据源中的当前记录

3. DetailsView 控件的常用事件

DetailsView 控件提供多个可对其进行编程的事件,在每次发生事件时都
可以运行一个自定义程序。表 8-10 列出了 DetailsView 控件支持的常用事件。

表 8-10　DetailsView 控件的常用事件

事　件	描　述
ItemCommand	在单击 DetailsView 控件中的某个按钮时发生
ItemCreated	在 DetailsView 控件中创建记录时发生
ItemDeleted	在单击 DetailsView 控件中的"删除"按钮,删除操作完成之后发生
ItemDeleting	在单击 DetailsView 控件中的"删除"按钮,删除操作完成之前发生
ItemInserted	在单击 DetailsView 控件中的"插入"按钮,插入操作完成之后发生
ItemInserting	在单击 DetailsView 控件中的"插入"按钮,插入操作完成之前发生
ItemUpdated	在单击 DetailsView 控件中的"更新"按钮,更新操作完成之后发生

续表

事　件	描　　述
ItemUpdating	在单击 DetailsView 控件中的"更新"按钮,更新操作完成之前发生
ModeChanged	当 DetailsView 控件尝试在编辑、插入和只读模式之间更改,更新 Cur-rentMode 属性之后发生
ModeChanging	当 DetailsView 控件尝试在编辑、插入和只读模式之间更改,更新 Cur-rentMode 属性之前发生
PageIndexChanged	当 PageIndex 属性的值在分页操作后更改时发生
PageIndexChanging	当 PageIndex 属性的值在分页操作前更改时发生

　　DetailsView 控件还从其基类继承了以下事件:DataBinding,DataBound,Disposed,Init,Load,PreRender 和 Render。

　　此控件可用来显示用户输入信息,而该输入可能包含恶意的客户端脚本。应用程序在显示从客户端发送来的任何信息之前,应先检查它们是否包含可执行脚本、SQL 语句或其他代码。ASP. NET 提供输入请求验证功能以阻止用户输入中的脚本和 HTML。

　　4. DetailsView 控件与 GridView 控件的区别

　　从数据的显示方式上看,GridView 控件通过表格的形式显示所有查到的数据记录,而 DetailsView 控件只显示一条数据记录。

　　从功能上看,GridView 控件可以设置排序和选择功能,而 DetailsView 则无此功能;DetailsView 控件可以设置插入新记录的功能,而 GridView 则无此功能。

　　从使用上来说,GridView 控件通常用于显示主要的数据信息,而 Details-View 控件常用于显示与 GridView 控件中数据记录对应的详细信息。

8.2.3　FileUpload 控件

　　FileUpload 控件可以为用户提供一种将文件从用户的计算机发送到服务器的方法。该控件在允许用户上传图片、文本文件或其他文件时非常有用。要上传的文件将在回发期间作为浏览器请求的一部分提交给服务器。在文件上传完毕后,可以用代码管理该文件。

　　1. FileUpload 控件的常用属性

　　FileUpload 控件的常用属性见表 8-11。

表 8-11 FileUpload 控件的常用属性

属　性	描　述
AllowMultiple	指定是否可选择多个文件用于上传的值
FileContent	获取 Stream 对象,它指向要使用 FileUpload 控件上传的文件
FileName	获取客户端上使用 FileUpload 控件上传的文件的名称
HasFile	获取一个值,该值指示 FileUpload 控件是否包含文件
PostedFile	获取使用 FileUpload 控件上传文件的基础 HttpPostedFile 对象
PostedFiles	获取已上传文件的集合

2．FileUpload 控件的常用方法

FileUpload 控件常用的方法只有一个,即 SaveAs( ),它用于将上传文件的内容保存到 Web 服务器上的指定路径。

3．FileUpload 控件的常用事件

FileUpload 控件的常用事件见表 8-12。

表 8-12 FileUpload 控件的常用事件

事　件	描　述
DataBinding	在服务器控件绑定到数据源时发生
Disposed	在从内存释放服务器控件时发生,这是请求 ASP. NET 页时服务器控件生存期的最后阶段
Init	在服务器控件初始化时发生;初始化是控件生存期的第一步
Load	在服务器控件加载到 Page 对象中时发生
PreRender	在加载 Control 对象之后、呈现之前发生
Unload	在服务器控件从内存中卸载时发生

　　FileUpload 控件会显示一个文本框,用户可以在其中键入希望上传到服务器的文件的路径与名称。该控件还有一个"浏览"按钮,用于显示一个文件导航对话框(显示的对话框取决于用户计算机的操作系统)。出于安全方面的考虑,不能将文件名预加载到 FileUpload 控件中。

　　用户选择要上传的文件后,FileUpload 控件不会自动将该文件保存到服务器。因此必须显式提供一个控件或机制,使用户能提交指定的文件。例如,可以提供一个按钮,用户单击它即可上传文件。为保存指定文件所编写的代码应调用 SaveAs 方法,该方法将文件内容保存到服务器上的指定路径。

在文件上传的过程中,文件数据作为页面请求的一部分上传并缓存到服务器的内存中,然后写入服务器的物理硬盘。

关于 FileUpload 控件还须注意以下三个方面。

(1) 确认是否包含文件

在调用 SaveAs 方法将文件保存到服务器之前,使用 HasFile 属性来验证 FileUpload 控件是否确实包含文件。若 HasFile 返回"True",则调用 SaveAs 方法;如果 HasFile 返回"False",则向用户显示消息,指示控件不包含文件。不要通过检查 PostedFile 属性来确定要上传的文件是否存在,因为默认情况下该属性包含 0 字节。因此,即使 FileUpload 控件为空,PostedFile 属性仍返回一个非空值。

(2) 文件上传大小限制

默认情况下,上传文件大小限制在 4096 KB (4 MB) 以内,通过设置 httpRuntime 元素的 maxRequestLength 属性可上传更大的文件。若要增加整个应用程序所允许的文件大小,可以设置 Web. config 文件中的 maxRequest-Length属性。若要增加指定页所允许的文件大小,可设置 Web. config 中 location 元素内的 maxRequestLength 属性。例如:

```
<httpRuntime maxRequestLength =" 10240"  executionTimeout =" 150"  enable
=" true" / >
```

其中:maxRequestLength 设置上传文件最大额,单位是 KB;executionTimeout 设置允许执行请求的最大秒数,此功能必须在 Compilation 节点中将 Debug 属性设置为"False"时才生效;enable 指定是否在当前的节点及子节点级别启用应用程序域 (AppDomain),以接受传入的请求。如果为"False",则实际上关闭了该应用程序。其默认值为 True。

上传较大文件时,即使改写过 maxRequestLength 属性,用户也可能接收到以下错误信息:

```
aspnet_wp. exe (PID: 1520) was recycled because memory consumption excee-
ded 460 MB (60 percent of available RAM)
```

以上信息说明,上传文件的大小不能超过服务器内存大小的60%。这里的60%是 Web. config 文件的默认配置,也是 < processModel > 配置节中 memoryLimit 属性的默认值。因此,虽然上传文件最大容量限制可以修改,但是上传文件越大,成功几率越小,不建议使用。

（3）上传文件夹的写入权限

应用程序可以通过两种方式获得写访问权限：可以将要保存上传文件的目录的写访问权限显式授予运行应用程序所使用的账户，也可以提高为 ASP. NET 应用程序授予的信任级别。若要使应用程序获得执行目录的写访问权限，必须将 AspNetHostingPermission 对象授予应用程序并将其信任级别设置为 AspNetHostingPermissionLevel. Medium 值。提高信任级别可提高应用程序对服务器资源的访问权限。需要注意的是，该方法并不安全，因为如果怀有恶意的用户控制了应用程序，该用户也能以更高的信任级别运行应用程序。最好的做法就是在仅具有运行该应用程序所需的最低特权的用户上下文中运行 ASP. NET 应用程序。

8.2.4　DropDownList 控件

DropDownList 控件又称下拉列表框控件，控件列表中的多行数据以隐含的形式表示出来，当用户选择所需列表项时，通过单击"下三角"图形展示，且每次只能选用一个数据项。DropDownList 控件实际上是列表项的容器，下拉列表框用 Items 集合表示各项的内容。若要指定希望显示在 DropDownList 控件中的项，可在该控件的开始和结束标记之间为每个项放置一个 ListItem 对象。如果在 ASP. NET 页面中逐个手动填写 DropDownList 控件的列表选项，当列表项很多时就会比较烦琐，且修改麻烦。DropDownList 控件动态连接到数据库，按指定条件从数据库中查询出列表选项数据，然后绑定到控件，可以方便快速地显示出多个下拉选项。同时，通过修改数据库中的数据，可以动态改变下拉选项。

1. DropDownList 控件的常用属性

DropDownList 控件的常用属性见表 8-13。

表 8-13　DropDownList 控件的常用属性

属　性	描　述
AccessKey	快速导航到 Web 服务器控件的访问键
AutoPostBack	指示当用户更改选择时是否自动产生向服务器的回发
BindingContainer	获取包含该控件的数据绑定控件
BorderColor	控件的边框颜色

续表

属　性	描　述
BorderStyle	控件的边框样式
BorderWidth	控件的边框宽度
ClientID	获取由 ASP.NET 生成的 HTML 标记的控件 ID
CssClass	由 Web 服务器控件在客户端呈现的层叠样式表
Enabled	是否启用 Web 服务器控件
Height	控件的高度
ID	分配给服务器控件的编程标识符
Items	获取列表控件项的集合
Page	获取对包含服务器控件的 Page 实例的引用
SelectedIndex	获取或设置 DropDownList 控件中的选定项的索引
SelectedValue	获取列表控件中选定项的值,或选择列表控件中包含指定值的项
TabIndex	Web 服务器控件的 Tab 键索引
Text	控件的 SelectedValue 属性
ToolTip	当鼠标指针悬停在 Web 服务器控件上时显示的文本
Visible	服务器控件是否作为 UI 呈现在页上
Width	获取或设置 Web 服务器控件的宽度

2. DropDownList 控件的常用方法

DropDownList 控件的常用方法见表 8-14。

表 8-14　DropDownList 控件的常用方法

方　法	描　述
ClearSelection	清除列表选择并将所有项的 Selected 属性设置为"False"
DataBind	将数据源绑定到被调用的服务器控件及其所有子控件
Dispose	使服务器控件在从内存中释放之前执行最后的清理操作
Finalize	允许对象在"垃圾回收"之前尝试释放资源并执行其他清理操作
FindControl(String)	在当前的命名容器中搜索带指定 id 参数的服务器控件
Focus	为控件设置输入焦点

续表

方 法	描 述
GetType	获取当前实例的 Type
HasControls	确定服务器控件是否包含任何子控件
OpenFile	获取用于读取文件的 Stream
RemovedControl	在子控件从 Control 对象的 Controls 集合中移除后调用
ToString	返回表示当前对象的字符串

3. DropDownList 控件的常用事件

DropDownList 控件的常用事件见表8-15。

表 8-15 DropDownList 控件的常用事件

事 件	描 述
CallingDataMethods	在数据方法正被调用时发生
CreatingModelDataSource	在 ModelDataSource 对象被创建时发生
DataBinding	在服务器控件绑定到数据源时发生
DataBound	在服务器控件绑定到数据源后发生
Disposed	在从内存释放服务器控件时发生,这是请求 ASP. NET 页时服务器控件生存期的最后阶段
Init	在服务器控件初始化时发生,初始化是控件生存期的第一步
Load	在服务器控件加载到 Page 对象中时发生
PreRender	在加载 Control 对象之后、呈现之前发生
SelectedIndexChanged	当列表控件的选定项在信息发往服务器之间变化时发生
TextChanged	在 Text 和 SelectedValue 属性更改时发生
Unload	在服务器控件从内存中卸载时发生

添加 DorpDownList 控件子项的方法有三种。

（1）使用 < asp：ListItem > 方法

```
< asp:DropDownList id = " weste"  runat = " server" >
    < asp:ListItem Value = " 0" > 小学 </asp:ListItem >
    < asp:ListItem? Value = " 1" > 中学 </asp:ListItem >
    < asp:ListItem? Value = " 2" > 大学 </asp:ListItem >
</asp:DropDownList >
```

这是一种静态方式,在页面运行前就可进行设计,既可以用界面方式(即所见即所得方式),也可用比较累人的代码输入方式。

其他两种是动态方式,在页面运行时添加。

（2）使用 Items 属性的 Add 方法

```
DropDownList. Items. Add( ItemText)
```

Items 属性表示 DropDownList 控件所有 Item 项的集合,Add 操作即在这个集合中插入新的 Item 项。这种方法用于只设定 Item 项的 Text 属性(实际上也指定了 Value 属性,此时 Value 属性值等于 Text 属性值)。

（3）利用 ListItem 类添加子项

```
DropDownList. Items. Add( new ListItem( ItemText, ItemValue) )
```

这种方法同时设定了 Item 项的 Text 属性与 Value 属性,是通过添加一个 ListItem 类来实现的。ListItem 类使用了两个参数,第一个参数表示 Text 属性值,第二个参数表示 Value 属性值。

8.2.5　验证控件

对于创建 ASP. NET 的页面表单,另一项非常重要的工作就是对用户的输入进行验证。很多人都有这样的经历:在注册成为某个网站的会员时,需要填写一些资料,如电子邮箱,如果没有输入符号"@",在提交信息时页面上就会出现一段错误的信息,要求用户输入正确的电子邮件地址,这就是一种验证。

验证控件用于验证输入控件的数据。如果数据未通过验证,则向用户显示错误消息。Web 验证控件有 RequiredFieldValidator 控件、CompareValidator 控件、RangeValidator 控件、RegularExpressionValidator 控件、ValidationSummary 控件、CustomValidator 控件等。

1. 各验证控件的功能

（1）RequiredFieldValidator 控件

RequiredFieldValidator 控件用于使输入控件成为一个必选字段。如果输入控件失去焦点时输入值的初始值未改变,那么验证将失败。默认初始值是空字符串（""）。输入值开头和结尾的空格将在验证前被删除。InitialValue 不是输入控件设置默认值,它指示不希望用户在输入控件中输入的值。

多个验证程序可与同一个输入控件关联。如可通过 RequiredFieldValidator 确保信息输入控件中,同时可用 RangeValidator 确保输入的值在指定的数据范围内。

下面举一个简单的例子说明该控件的应用。

```
< html >
< body >
    < form runat = " server" >
        姓名：< asp：TextBox id = " name"  runat = " server" / > < br / > < br / >
        年龄：< asp：TextBox id = " age"  runat = " server" / > < br / > < br / >
        < asp：Button runat = " server"  Text = " 提交" / > < br / > < br / >
            < asp：RequiredFieldValidator ID = " RequiredFieldValidator2"
                        runat = " server"  ControlToValidate = " name"  >
            姓名字段是必填的！ </asp：RequiredFieldValidator >
    </ form >
</ body >
</ html >
```

应用 RequiredFieldValidator 控件，使姓名字段成为必填项。运行页面时如果只填写年龄就单击"提交"按钮，按钮下方将出现出错信息，如图 8-23 所示。

图 8-23　RequiredFieldValidator 控件的应用

（2）CompareValidator 控件

CompareValidator 控件用于将用户输入到输入控件的值与输入到其他控件的值或常数值进行比较。

需要注意的是，如果输入控件为空，则不会调用任何验证函数，并且验证将成功。因此，要使用 RequiredFieldValidator 控件使输入控件成为必选字段。

CompareValidator 控件的主要属性如下：

➢ ControlToCompare 属性：参加比较的目标控件。

➢ ControlToValidate 属性：参加比较的源控件。

➢ Type 属性：规定用于比较和验证的数据类型，共有 5 种，分别为 String，Integer，Double，Currency 和 Date。

➢ Operator 属性：用于表示比较的方法，共有 7 种，分别为 Equal，NotEqual，GreatThan，GreatThanEqual，LessThan，LessThanEqual 和 DataTypeCheck。由此可见，除了相等的比较方法之外，还有不等于、大于、大于等于、小于、小于等于、类型检查等比较方法。因此，CompareValidate 控件的使用非常灵活。

➢ ValueToCompare 属性：要比较的值。这个属性允许定义一个要进行比较的常量值。它通常用在必须输入"Yes"的协议中，表示同意某些条件。只要将 ValueToCompare 属性设置为"Yes"，并将 ControlToValidate 属性设置为要验证有效性的控件即可。设置此属性时，请确保 ControlToCompare 属性已被清除，否则会优先采用 ControlToCompare 属性。

下面举一个简单的例子说明该控件的应用。

```
< html >
< body >
    < form id = " form1"  runat = " server" >
    < div >
        < asp:TextBox ID = " TextBox1"  runat = " server" > </asp:TextBox >
        < asp:TextBox ID = " TextBox2"  runat = " server" > </asp:TextBox >
        < asp:Button ID = " Button1"  runat = " server"  Text = " Button"  / >  < br / >
        < asp:CompareValidator ID = " CompareValidator1"  runat = " server"
            ControlToCompare = " TextBox1"  ControlToValidate = " TextBox2"
            ErrorMessage = " CompareValidator" >您两次输入的文本不一样!
        </asp:CompareValidator >
    </ div >
    </ form >
</ body >
</ html >
```

当 TextBox2 失去焦点时，这段代码将比较 TextBox1 和 TextBox2 中输入的值，如果两者相同则验证通过，否则验证失败并给出出错信息，效果如图 8-24 所示。

图 8-24　CompareValidator 控件的应用

（3）RangeValidator 控件

RangeValidator 控件用于检测用户输入的值是否介于两个值之间。该控件可以对不同类型的值进行比较，如数字、日期、字符等。

如果输入控件为空，验证不会失败，因此需要 RequiredFieldValidator 控件使字段成为必选字段。如果输入值无法转换为指定的数据类型，验证也不会失败，因此需要将 CompareValidator 控件的 Operator 属性设置为"DataType-Check"，这样就可以校验输入值的数据类型了。

RangeValidation 控件的主要属性如下：

➤ MinimumValue 属性：确定可接受值的最小值。

➤ MaximumValue 属性：确定可接受值的最大值。

下面举一个简单的例子说明该控件的应用。

```html
< html >
< body >
    < form runat = " server" >
        请输入介于 2015-01-01 到 2015-12-31 的日期：< br / >
        < asp：TextBox id = " tbox1"  runat = " server" / > < br / > < br / >
        < asp：Button Text = " 验证"  runat = " server" / > < br / > < br / >
        < asp：RangeValidator    ControlToValidate = " tbox1"
                                MinimumValue = " 2015-01-01"
                                MaximumValue = " 2015-12-31"
                                Type = " Date"    EnableClientScript = " false"
        Text = " 日期必须介于 2015-01-01 和 2015-12-31 之间!"
        runat = " server"  / >
```

```
    </form >
  </body >
  </html >
```

这段代码检验 TextBox 控件中输入的日期是否介于 2015 - 01 - 01 与 2015-12-31 之间。运行页面后在文本框中输入 2005 - 01 - 01,单击"验证"按钮,验证结果如图 8-25 所示。

图 8-25　RangeValidator 控件应用示例

（4）RegularExpressionValidator 控件

正则表达式验证（RegularExpressionValidator）控件是一种较为灵活的验证控件,可以借助正则表达式的强大功能,实现对复杂字符串的验证功能,如对电话号码、邮编、网址等进行验证。RegularExpressionValidator 控件允许有多种有效模式,每个有效模式使用"|"字符来分隔。预定义的模式需要使用正则表达式定义。其主要属性如下:

➢ ValidationExpression 属性:验证格式规则。由于可设置的正则表达式很多,因此它具有许多复杂的功能。

➢ Type 属性:要比较和验证的数据类型,有 Currency,Date,Double,Integer 和 String。

常用正则表达式字符及其含义见表 8-16。

表 8-16　常用正则表达式字符及其含义

正则表达式字符	含　　义
[……]	匹配括号中的任何一个字符
[^……]	匹配不在括号中的任何一个字符
\w	匹配任何一个字符(a~z、A~Z 和 0~9)
\W	匹配任何一个空白字符
\s	匹配任何一个非空白字符
\S	与任何非单词字符匹配
\d	匹配任何一个数字(0~9)
\D	匹配任何一个非数字(^0~9)
[\b]	匹配一个退格键字符
{n,m}	最少匹配前面表达式 n 次,最大为 m 次
{n,}	最少匹配前面表达式 n 次
{n}	恰恰匹配前面表达式为 n 次
?	匹配前面表达 0 或 1 次{0,1}
+	至少匹配前面表达式 1 次{1,}
*	至少匹配前面表达式 0 次{0,}
		匹配前面表达式或后面表达式
(…)	在单元中组合项目
^	匹配字符串的开头
$	匹配字符串的结尾
\b	匹配字符边界
\B	匹配非字符边界的某个位置

在【工作过程二】和【工作工程三】中已多次使用过这个控件,这里不再举例。

（5）ValidationSummary 控件

ValidationSummary 控件用于在网页、消息框或在这两者中内联显示所有验证错误的摘要。该控件中显示的错误消息是由每个验证控件的 Error-Message 属性规定的。如果未设置验证控件的 ErrorMessage 属性,就不会为验证控件显示错误消息。

ValidationSummary 控件的常用属性如下：

➤ ShowMessageBox：布尔值，指示是否在消息框中显示验证摘要。

➤ ShowSummary：布尔值，规定是否显示验证摘要。

➤ DisplayMode：规定如何显示摘要，合法值有 BulletList，List，SinglePara-graph。BulletList，List 都列表显示错误信息，但 BulletList 方式有项目符，SingleParegraph 表示错误信息之间不作任何分割。

下面举一个简单的例子说明该控件的应用。

```
< html >
< body >
< form id = " Form1"  runat = " server" >
  姓名：< asp：TextBox id = " txt_name"  runat = " server" / >
  < asp：RequiredFieldValidator ID = " RequiredFieldValidator1"  ErrorMessage = " 姓名"
    ControlToValidate = " txt_name"  Text = " ∗ "  runat = " server" / >
  < br / >
  兴趣爱好：< br / >
  < asp：RadioButtonList id = " rlist_type"  RepeatLayout = " Flow"  runat = " server" >
    < asp：ListItem > 读书 </asp：ListItem >
    < asp：ListItem > 吉它 </asp：ListItem >
    < asp：ListItem > 绘画 </asp：ListItem >
  < /asp：RadioButtonList >
  < asp：RequiredFieldValidator ID = " RequiredFieldValidator2"
    ErrorMessage = " 兴趣爱好"
    ControlToValidate = " rlist_type"
    InitialValue = " "  Text = " ∗ "  runat = " server" / > < br / >
  < asp：Button id = " b1"  Text = " 提交"  runat = " server" / > < br / >
  < asp：ValidationSummary ID = " ValidationSummary1"  EnableClientScript = " true"
      HeaderText = " 您必须在下面的字段中输入值："
      DisplayMode = " BulletList"  runat = " server" / >
< /form >
< /body >
< /html >
```

这段代码使用 ValidationSummary 控件生成了一个用户未填的必选字段的列表。图 8-26 是代码运行初始时的效果，图 8-27 是用户未输入任何消息即单击"提交"按钮后的输出结果。

姓名：兴趣爱好：
- ○ 读书
- ○ 吉它
- ○ 绘画

提交

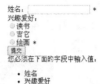

图 8-26　代码运行初始效果　　　　**图 8-27　未输入即提交的效果**

（6）CustomValidator 控件

自定义验证（CustomValidator）控件主要用于其他验证控件都不适合的场合，可由开发人员自行编写验证功能。CustomValidator 控件的主要属性如下：

➢ OnServerValidate 属性：服务器端执行验证的方法名。

➢ ClientValidateFunction 属性：属性的内容为开发人员自己编写的某方法名，也是客户端执行验证的方法名。

下面代码可验证输入的用户名长度是否介于 8～16 个字符。

```
< script   runat = " server" >
Sub user( source As object, args As ServerValidateEventArgs)
    if len( args. Value) < 8 or len( args. Value) > 16 then
      args. IsValid = false
    else
      args. IsValid = true
    end if
End Sub
</ script >
< html >
< body >
    < form id = " Form1"  runat = " server" >
        < asp：Label ID = " Label1"  runat = " server"  Text = " 请输入用户名:" / >
        < asp：TextBox id = " txt1"  runat = " server" / >
        < asp：Button ID = " Button1"  Text = " 提交"  runat = " server" / > < br / >
        < asp：Label id = " mess"  runat = " server" / > < br / >
        < asp：CustomValidator ID = " CustomValidator1"
            ControlToValidate = " txt1"   OnServerValidate = " user"
          Text = " 用户名须介于 8 到 16 个字符之间!"  runat = " server" / >
    </ form >
```

```
</body >
</html >
```

运行该页面,在文本框中输入"asp",单击"提交"按钮,出现出错信息,效果如图8-28所示。

图 8-28　CustomValidator 控件的应用

2. 验证控件的基本属性

验证控件的基本属性见表8-17。

表 8-17　验证控件的基本属性

属　性	描　述
Display	确定隐藏的错误消息是否占用屏幕空间。如果将 Display 设置为"Static",错误消息就会占用屏幕空间,即使隐藏时也是如此
CssClass	设置应用到错误消息文本的 CSS 类
ErrorMessage	应用在 ValidationSummary 控件中的有效性验证控件的错误消息。当 Text 属性为空时,ErrorMessage 值将出现在页面上的文本中
Text	有效性验证控件显示在页面上的文本。它可以是一个星号(＊),表示错误或必需的字段,或者是普通文本
ControlToValidate	指定要验证的输入控件。对于所有验证控件,此属性必须设置为输入控件的 ID(CustomValidator 控件除外,对它来说,此属性可以保留为空白)。如果没有指定有效输入控件,则在呈现该页时将引发异常。该 ID 必须引用与验证控件相同的容器中的控件,它必须在同一页或用户控件中或必须在模板化控件的同一模板中
EnableClientScript	确定控件是否提供客户机上的有效性验证,默认值为"True"
SetFocusOnError	确定客户端脚本是否将焦点放在生成错误的第一个控件上,默认值为"False"

续表

属　性	描　述
ValidationGroup	有效性验证控件可以组合在一起,允许针对选中的控件进行有效性验证。所有名为 ValidationGroup 的控件都会被同时检查,即不会检查不是这个控件组的控件。例如,假设有一个逻辑页面,其中有一个 Login 按钮以及输入用户名和口令的字段,同一个页面也可能包含允许搜索站点的搜索框。使用 ValidationGroup,就可以让 Login 按钮验证用户名与口令框的有效性,而搜索按钮仅触发搜索框的有效性验证
IsValid	通常在设计时不会设置这个属性,不过在运行时它提供关于是否通过有效性验证测试的信息

　　为防止恶意用户向系统中输入伪数据,建议使用 ASP. NET 的有效性验证控件验证用户输入的有效性。

8.2.6　MsgBox 函数

　　MsgBox 是 Visual Basic. Net 中的一个函数,功能是弹出一个对话框,等待用户单击按钮,并返回一个 Integer 值表示用户单击了哪一个按钮。

　　语法:

MsgBox (Prompt [,Buttons] [,Title] [,Helpfile,Context])

　　MsgBox 函数的参数列于表 8-18。

表 8-18　MsgBox 函数的参数

参　数	描　述
Prompt	必选,字符串表达式,显示对话框中的消息。Prompt 的最大长度大约为 1024 个字符,由所用字符的字节大小决定。如果 Prompt 的内容超过一行,则可以在每一行之间用回车符(Chr(13))、换行符(Chr(10))或是回车与换行符的组合(Chr(13) & Chr(10),即 vbCrLf)将各行分隔开来
Buttons	可选,数值表达式,是一些数值的总和,指定所显示的按钮的数目及形式、使用的图标样式(及声音)、缺省按钮以及消息框的强制性等。如果省略,则其缺省值为 0。
Title	可选,字符串表达式,在对话框标题栏中显示的内容。如果省略 Title,则将应用程序标题(App. Title)放在标题栏中
Helpfile	可选,字符串表达式,用来向对话框提供具上下文相关帮助的帮助文件。如果提供了 Helpfile,则也必须提供 Context
Context	可选,数值表达式,由帮助文件的作者指定给适当的帮助主题的帮助上下文编号。如果提供了 Context,则也必须提供 Helpfile

其中,buttons 参数的设置见表 8-19。

表 8-19 Buttons 参数的设置

常数	值	描　述
对话框中显示的按钮的类型与数目		
vbOKOnly	0	只显示"确定"按钮。(缺省)
vbOKCancel	1	显示"确定"和"取消"按钮。
vbAbortRetryIgnore	2	显示"终止"、"重试"和"忽略"按钮。
vbYesNoCancel	3	显示"是"、"否"和"取消"按钮。
vbYesNo	4	显示"是"和"否"按钮。
vbRetryCancel	5	显示"重试"和"取消"按钮。
图标的样式(根据系统设置,可能伴有声音)		
vbCritical	16	显示"错误信息"图标。
vbQuestion	32	显示"询问信息"图标。
vbExclamation	48	显示"警告消息"图标。
vbInformation	64	显示"通知消息"图标。
默认按钮		
vbDefaultButton1	0	第一个按钮是默认按钮。(缺省)
vbDefaultButton2	256	第二个按钮是默认按钮。
vbDefaultButton3	512	第三个按钮是默认按钮。
vbDefaultButton4	768	第四个按钮是默认按钮。
对话框的强制返回性		
vbApplicationModal	0	应用程序强制返回;应用程序一直被挂起,直到用户对消息框作出响应才继续工作。
vbSystemModal	4096	系统强制返回;全部应用程序都被挂起,直到用户对消息框作出响应才继续工作。
对话框特殊设置		
vbMsgBoxHelpButton	16384	将帮助按钮添加到消息框。
vbMsgBoxSetForeground	65536	指定消息框窗口作为前景窗口。
vbMsgBoxRight	524288	文本为右对齐。
vbMsgBoxRtlReading	1048576	指定文本应为在希伯来和阿拉伯语系统中的从右到左显示。

这些常数都是 Visual Basic 2010 指定的,因此,可以在程序代码中使用这些常数名称,而不使用实际数值(名称比数值容易记忆)。

MsgBox 函数返回值见表 8-20。

表 8-20 MsgBox 函数返回值

常　数	值	描　述
vbOK	1	单击了"确定"按钮
vbCancel	2	单击了"取消"按钮
vbAbort	3	单击了"终止"按钮
vbRetry	4	单击了"重试"按钮
vbIgnore	5	单击了"忽略"按钮
vbYes	6	单击了"是"按钮
vbNo	7	单击了"否"按钮

如果同时提供了 Helpfile 和 Context,则用户可以按【F1】键以查看与上下文相对应的帮助主题。

如果对话框显示"取消"按钮,则按【ESC】键与单击"取消"的效果相同。如果对话框包含"帮助"按钮,则表示可为对话框提供上下文相关帮助。但是在单击其他按钮之前,不会返回任何值。

下面举例说明 MsgBox 函数的使用。

使用 1　MsgBox("您确定吗?否则单击'No'", MsgBoxStyle. Question + MsgBoxStyle. YesNo + MsgBoxStyle. DefaultButton2, "MsgBox 函数效果")

函数运行效果如图 8-29 所示。

图 8-29　MsgBox 函数效果 1

使用 2　MsgBox("您确定取消吗? 否则单击'Retry'", MsgBoxStyle. Critical + MsgBoxStyle. RetryCancel + MsgBoxStyle. DefaultButton1, "MsgBox 函数效果")

函数运行效果如图 8-30 所示。

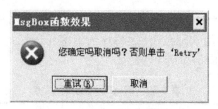

图 8-30 MsgBox 函数效果 2

思考？   比较图 8-29 和图 8-30 可见，它们的图标样式、按钮样式、默认按钮不一样，请在代码中找出对应不同的地方。

【工作过程三】 制作数据添加页面

（1）打开 zjc 站点。

（2）重复本章【工作过程二】中步骤（2）至步骤（8），但步骤（4）中页面名称改名为 AddData. aspx。

（3）在"配置数据源"窗口中选中"指定来自表或视图的列"，在"名称"下拉列表中选择"CaseTable"，单击"高级... "按钮。

（4）在"高级 SQL 生成选项"窗口中勾选"生成 INSERT、UPDATE 和 DELETE 语句"，单击"确定"按钮。

（5）依次单击"下一步"、"完成"按钮。

（6）在"DetailsView 任务"窗口中选中"启用插入"。

（7）重复【工作过程二】中步骤（15）与步骤（16）。

（8）依次将"案例代号"、"案例类型"、"图片名称"、"视频名称"、"设计时间"转换为"TemplateField"，单击"确定"按钮。

（9）将 DetailsView1 控件的宽度设置为"460px"，水平对齐方式设置为"Center"，左边标题列宽度设为"80px"。

（10）在属性窗口中将 DefaultMode 属性设置为"Insert"。

（11）重复【工作过程二】中步骤（21）至步骤（53），但以"InsertItemTemplate"替换"EditItemTemplate"，btnAddPic_Click 和 btnAddVideo_Click 过程代码需稍加修改。

（12）在 btnAddPic_Click 过程中插入以下代码：

```
Dim upImg As FileUpload = Me. DetailsView1. FindControl(" upImage")
Dim tbPic As TextBox = Me. DetailsView1. FindControl(" tbPic")
Dim filePath As String
```

```
Dim ext As String
Dim IsPic As Boolean = False
Dim tbCaseID As TextBox = Me.DetailsView1.FindControl("tbCaseID")
ext = upImg.FileName       '获取文件上传控件中的文件名
If tbPic.Text.Length > 4 Then
    ext = ext.Substring(ext.LastIndexOf("."), 3)     '获取文件后缀名
    tbPic.Text = tbCaseID.Text + ext
    Select Case ext
        Case ".jpg"
            IsPic = True
        Case ".jpeg"
            IsPic = True
        Case Else
            IsPic = False
    End Select
End If
If IsPic Then
        filePath = "~/Videos/VideoImages/" + tbCaseID.Text
        upImg.SaveAs(MapPath(filePath))
End If
```

（13）在 btnAddVideo_Click 过程中插入以下代码：

```
Dim upVideo As FileUpload = Me.DetailsView1.FindControl("upVideo")
Dim tbVideo As TextBox = Me.DetailsView1.FindControl("tbVideo")
Dim filePath As String
Dim ext As String
Dim IsVideo As Boolean = False
Dim tbCaseID As TextBox = Me.DetailsView1.FindControl("tbCaseID")
ext = upVideo.FileName             '获取文件上传控件中的文件名
ext = ext.Substring(ext.LastIndexOf("."), 4)    '获取文件后缀名
tbVideo.Text = tbCaseID.Text + ext
If ext = ".flv" Or ext = ".FLV" Then
    filePath = "~/Videos/" + tbCaseID.Text
    upVideo.SaveAs(MapPath(filePath))
End If
```

（14）结束模板编辑，在工具箱标准分类中将 HyperLink 控件拖至 De-tailsView1 控件之下。

（15）在属性窗口中设置 HyperLink1 控件的 Text 属性为"返回数据管理页"，NavigateUrl 属性为"ManageData. aspx"。

（16）存盘。

（17）运行该页面，效果如图 8-31 所示。将其与图 8-22 相比可发现，图中控件内容空白，下方功能显示为"插入"和"取消"，而图 8-22 下方的功能是"更新"和"取消"。

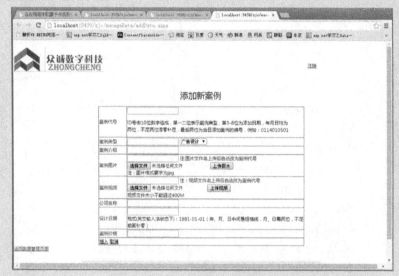

图 8-31　添加新案例界面

工作理论依据

在实现显示和更新数据功能时需要考虑得更周到些。尽管将连接字符串直接存储到页面的 SqlDataSource 控件中颇为简单，但最好还是将其存储在 Web. config 文件中，否则后续修改工作很难进行。

为数据输入页面添加有效性验证控件，可以让用户更清楚地了解哪些输入是必需的及应以哪种格式输入，同时避免系统接收或处理无效的或不正确的数据。

当要显示有很多条记录的数据时，可以考虑对 GridView 控件进行分页，因为用户通常都不喜欢一页上有太多的数据。一般一页显示 10 ~ 20 条记录比较合适。

尽量不要使用控件的默认名称,而重命名可以使控件的用途更明确。如果页面控件较少,则使用默认名称问题不大。如果页面控件数量较多,则为控件选择容易区分的名称就变得很重要。

8.3　工作后思考

（1）如果需要创建一个用户界面,使用户可以显示、筛选、编辑和删除某个数据库的数据,那么哪个控件是最佳选择? 如何将该控件与数据库相关联?

（2）BoundField 和 TemplateField 之间有什么区别? 它们分别在何时使用?

（3）存储连接字符串的最佳位置在哪里? 如何从最佳位置访问连接字符串? 为什么不将连接字符串存储在页面中?

（4）使用 CustomValidator 控件时,它是如何在客户端和服务器上编写有效性验证代码的?

（5）模仿本章工作过程为网站添加新闻数据、留言数据、回复留言数据、招聘信息等显示与管理页面。

第 9 章　异常处理、调试和跟踪

本章要点： ● 程序的错误类型
　　　　　　● 程序的调试
　　　　　　● 程序的异常处理
技能目标： ● 利用调试工具找出程序中各种类型的错误
　　　　　　● 使用异常处理技术编写可捕获预期的异常并作适当处理的
　　　　　　　代码

9.1　工作场景导入

【工作场景】

众诚数字科技有限公司需要开发一个网站以宣传、推广自己的公司及产品，Web 站点基本完成，但还有一些错误及异常。

本次任务的目的：利用调试工具找出程序中各种类型的错误，使用异常处理技术编写可捕获预期的异常并作适当处理的代码。

【引导问题】

在开发 Web 应用程序的过程中，出现错误是难免的。开发人员可以使用 Visual Studio 2010 集成开发环境提供的调试工具发现问题，在某些过程位置停止执行，检查内存和寄存器值，更改变量，观察消息通信量并仔细查看代码，然后将错误排除。

下面介绍如何利用调试工具排除错误，编写可捕获预期的异常并作适当处理的代码。

9.2　工作过程与理论依据

【工作过程一】　发现语法错误

（1）打开站点 zjc。

（2）在"资源管理器"窗口中依次打开节点"ManageData"和"AddData. aspx"。

（3）双击"AddData. aspx. vb"文件以打开"代码编辑器"。

（4）将任意一个"Dim"改成"Din"，即可发现该行代码下面出现蓝色波浪线，如图 9-1 所示。这说明此处代码有误须改正。

```
Protected Sub DropDownList1_SelectedIndexChanged(ByVal sender As Object, ByVal e As System.EventArgs)
    Din tbType As TextBox = Me.DetailsView1.FindControl("TextBox2")
    Dim DDL1 As DropDownList = Me.DetailsView1.FindControl("DropDownList1")
    tbType.Text = DDL1.SelectedValue
End Sub
```

图 9-1　错误提示

再观察图 9-2 所示"错误列表"窗口，此窗口列出所有代码错误，每纠正一处错误，相关错误信息消失。

	说明	文件	行	列	项目
❷ 2	方法参数必须括在括号中。	AddData. aspx. vb	6	13	E:\zjc\
❶ 1	未声明"Din"。它可能因其保护级别而不可访问。	AddData. aspx. vb	6	9	E:\zjc\
❸ 3	未声明"tbType"。它可能因其保护级别而不可访问。	AddData. aspx. vb	6	13	E:\zjc\
❺ 5	未声明"tbType"。它可能因其保护级别而不可访问。	AddData. aspx. vb	8	9	E:\zjc\
❹ 4	应为逗号、")"或有效的表达式继续符。	AddData. aspx. vb	6	20	E:\zjc\

图 9-2　"错误列表"窗口

小　贴　士

◆ **屏幕上找不到"错误列表"窗口,怎么办?**

先单击"视图"菜单,再单击"错误列表"菜单项,在工作区下方出现"错误列表"窗口。

◆ **利用错误列表窗口**

双击"错误列表窗口"中的某行,光标自动定位在错误之处。

（5）将"Din"改回"Dim",观察代码及"错误列表"窗口。

（6）存盘。

工作理论依据

9.2.1 程序的错误类型

在产品开发过程中会发生各种各样的错误,比如语法有误或逻辑错乱等。这些错误大致可归纳为三类:

1. 语法错误

当程序编写违反了语法规则时,就会发生语法错误。例如,变量没有声明、参数类型不匹配等。在编译程序之前,Visual Studio 会及时发现程序中的语法错误,并用波浪线标示出来。将鼠标移到该处时,系统会相应地给出提示信息。

2. 逻辑错误

逻辑错误即程序能够执行但是得不到所要的结果或操作。此类错误是最常见的,也是最难发现和调试的。跟踪和解决逻辑错误的最好方法是使用 Visual Studio 的内置调试功能。

3. 运行错误

运行错误是由程序运行时无法正确执行引起的,如打开不存在的文件,图片框载入的不是所需文件等。有一个好的错误处理策略很重要,这样可以避免可能出现的错误并适当处理,另外还可以在错误发生时选择记录其相关信息。

【工作过程二】 发现逻辑错误

(1) 重复本章【工作工程一】中步骤(1)至步骤(3)。

(2) 在"btnAddPic_Click"事件过程中找到语句"ext = ext. Substring (ext. LastIndexOf (". ") , 4)",改成"ext = ext. Substring (ext. LastIndexOf (". ") , 3)"。

(3) 按【F5】键打开首页,单击"数据管理"进入登录页面,输入账户名"admin"、密码"000000",打开数据管理页面。

(4) 准备一张". jpg"图片,案例代号输入为"00000000000"(此代号作调试用)。通过 FileUpLoad 控件上传这张图片,却发现图片不在 VideoImages 文件夹中,也没有任何出错信息。

(5) 回到代码编辑器,在窗口最左方通过鼠标单击设置断点,如图 9-3 所示。

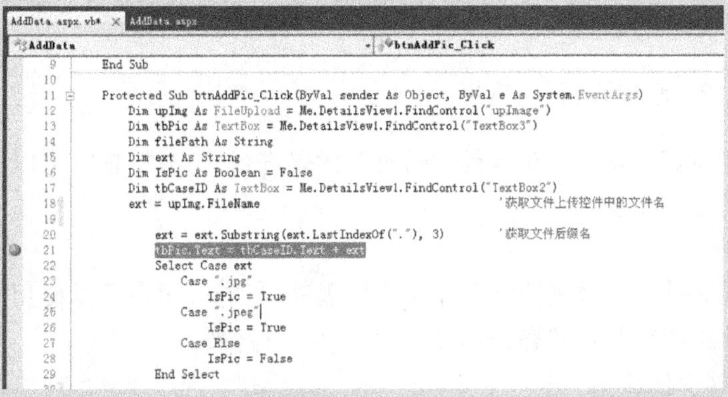

图9-3　设置断点

（6）返回浏览器，重复刚才的图片上传操作，可发现单击"上传图片"按钮后焦点自动回到"代码编辑器"，并且代码执行停止在断点处。

（7）鼠标指向"ext"变量，在光标右下方显示"ext"当前值为".jp"，并不是我们所期望的".jpg"。通过这个方法可以查看已执行语句变量的值。

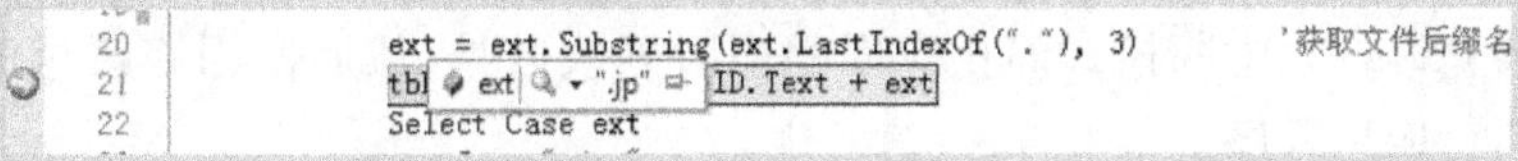

```
20          ext = ext.Substring(ext.LastIndexOf("."), 3)    '获取文件后缀名
21     tbl  ⊘ ext  🔍 ▾ "-"jp" ⬜  ID.Text + ext
22          Select Case ext
```

图9-4　查看变量的值

（8）单击工具栏中"逐语句"按钮，如图9-5所示，仔细观察所执行的语句。

单击此按钮或按
【F8】逐语句执行程序

图9-5　"逐语句"执行

（9）将语句"ext = ext.Substring(ext. LastIndexOf(".") , 3)"中的"3"改成"4"。

（10）单击工具栏中"停止调试"按钮。

（11）存盘。

工作理论依据

9.2.2　程序调试

使用调试工具可以在运行代码时对代码进行检查,检查时可以利用工具所提供的以下功能:

1. 断点

断点是代码中调试器将要停止应用程序的位置,用户可以使用断点查看应用程序的当前数据状态,然后逐句执行每一行代码。

2. 单步执行

当应用程序在断点处停止后,即可逐语句运行代码(称为单步执行代码)。注意,单步执行是逐语句执行,而非逐行执行。例如语句:

```
If X = 1 Then Y = "Yes!"
```

当单步执行此行时,调试器将该条件视为一步,将结果视为另一步。

3. 数据查看

调试器为在运行应用程序时查看和跟踪数据提供了许多不同的选项。调试器允许在以中断模式停止应用程序时修改数据,然后使用修改过的数据继续运行应用程序。

【工作过程三】 发现运行时错误

(1) 重复本章【工作工程一】中步骤(1)至步骤(3)。

(2) 将以下代码最外层 IF 语句删除:

```
If  ext. Length  > 4 Then
    ext  = ext. Substring( ext. LastIndexOf( "." ) , 4)
            tbPic. Text  = tbCaseID. Text  + ext
            Select Case  ext
                Case " . jpg"
                    IsPic  = True
                Case " . jpeg"
                    IsPic  = True
                Case Else
                    IsPic  = False
            End Select
        End If
```

（3）运行该页面（必要时输入账号和密码再打开 AddData. aspx 页面）。

（4）不选择图片文件而直接单击"上传图片"按钮，出现如图9-6所示出错信息。

图9-6　出错信息

（5）为避免这样的错误，可以加上 IF 防止用户误击"上传图片"按钮，也可以用 Try 语句防止异常错误的发生，代码修改如下：

```
Try
    ext = ext. Substring( ext. LastIndexOf(".") , 4)        '获取文件后缀名
Catch ex As Exception
    userMessage = "请选择图片文件"
Finally
    tbPic. Text = userMessage
End Try
```

◆ **步骤(5)中代码的作用**

在用户没有选择图片文件而直接单击"上传图片"按钮时，文本框中会显示提示信息"请选择图片文件"。

（6）存盘。

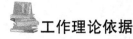工作理论依据

9.2.3　异常处理

异常是正在执行的程序所遇到的任何错误情形或者意外行为。引起异常的因素很多，如代码错误、操作系统资源不可用、公共语言运行（Common

Language Runtime)出现意外情况等。

有些应用程序能够从上述异常情况中恢复执行,但大多数运行异常是不可恢复的,此时需要运用一种有效的方法来处理这些异常。

在.NET Web 服务中,对异常处理的支持是由 try…catch…finally 语句提供的。其中:

➤ 关键字 try 放在可能抛出异常的普通处理代码块之前。

➤ 关键字 catch 放在异常处理代码块之前。

➤ 关键字 finally 放在异常处理后还需要执行的代码块之前。

一旦异常从 try 代码块中抛出,程序流即切换到第一个 catch 代码块。

大多数软件系统都不是百分之百可靠的!编程人员应站在异常可能会发生的角度来编写程序,从而形成一个良好的异常处理策略,确保所有程序的入口都使用了 try…catch,在 catch 中截获所有的异常。

9.3 工作后思考

(1)调试和跟踪的区别是什么?

(2)假设您接管了由另一位开发人员构建的 Web 站点,那位开发人员从未听说过异常处理,而客户却经常抱怨出现蓝屏。除了分析整个应用程序的代码外,获取有关这些错误及其发生位置的信息的快速解决方案是什么? 如何向站点用户屏蔽异常消息的详细信息。

第 10 章　部署 Web 站点

本章要点： ● Web 服务器的安装配置
　　　　　　● 网站的发布
技能目标： ● 安装并配置 IIS
　　　　　　● 在 IIS 中注册 ASP. NET
　　　　　　● 发布网站

10.1　工作场景导入

【工作场景】

众诚数字科技有限公司需要开发一个网站以宣传、推广自己的公司及产品，现已完整开发好网站并准备发布。

本次任务的目的：安装 IIS 并配置；在 IIS 中注册 ASP. NET 并发布网站。

【引导问题】

互联网信息服务（Internet Information Services，IIS）是由微软公司提供的基于运行 Microsoft Windows 的互联网基本服务。IIS 最初是 Windows NT 版本的可选包，随后内置于 Windows 2000，Windows XP Professional 和 Windows Server 2003 一起发行，但在 Windows XP Home 版本上并没有 IIS。

. NET Framework 4 是支持生成、运行下一代应用程序和 XML Web Services 的内部 Windows 组件，很多基于此架构的程序需要它的支持才能够运行。

配置 Web 服务器需要安装配置 IIS 和. NET Framework 4，如果机器上没有安装 IIS，则要预先准备好才能进入工作过程，而. NET Framework 4 在安装 Visual Studio 2010 时就已经安装了。

下面介绍发布网站前的一些准备工作及如何发布网站。

10.2   工作过程与理论依据

【工作过程一】

（1）依次单击"开始"→"设置"→"控制面板"→"添加/删除程序"。

（2）在"添加/删除程序"窗口中单击"添加/删除 Windows 组件"按钮，打开"Windows 组件向导"对话框，在该对话框中选中"Internet 信息服务（IIS）"，如图 10-1 所示。

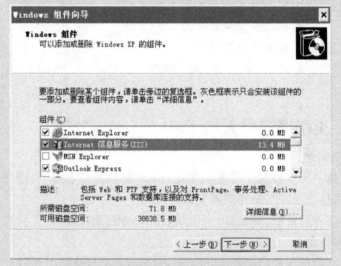

图 10-1   "Windows 组件向导"对话框

（3）依次单击"下一步"、"确定"按钮，按向导指示，在"所需文件"对话框中根据实际情况填入文件复制来源，单击"确定"按钮，如图 10-2 所示。

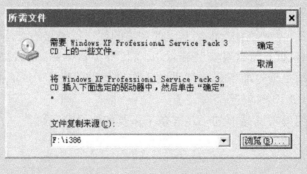

图 10-2   "所需文件"对话框

（4）等待,完成安装后单击"确定"按钮。

（5）右击"我的电脑",在快捷菜单中选择"管理",打开"计算机管理"窗口,依次打开节点"服务和应用程序","Internet 信息服务"和"网站"。

（6）右击"默认网站",选择"新建"→"虚拟目录",如图 10-3 所示。

图 10-3　"计算机管理"窗口

（7）打开"虚拟目录创建向导"窗口,单击"下一步"按钮。

（8）为虚拟目录定义别名,如图 10-4 所示。

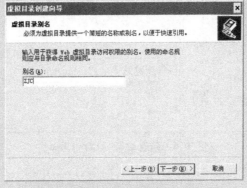

图 10-4　"虚拟目录创建向导"窗口

（9）在目录文本框中填入欲建站点的位置，假设为"E：\ZhongCheng"。

（10）单击"下一步"按钮，在访问权限设置中根据需要进行设置，如图 10-5 所示。

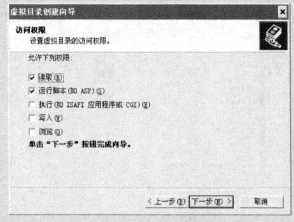

图 10-5　访问权限设置

（11）依次单击"下一步"、"完成"按钮。此时在计算机管理窗口中可见新建站点"ZhongCheng"，如图 10-6 所示。

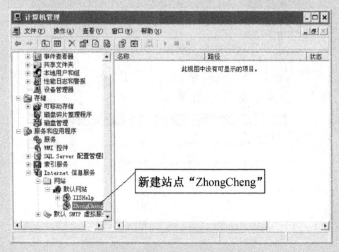

图 10-6　新建站点"ZhongCheng"

（12）单击"开始"→"运行"，在"打开(O)："中输入"cmd"，如图 10-7 所示。

图 10-7　"运行"窗口

（13）在命令行中输入"cd C：\Windows\Microsoft.NET\Framework\v4.
0.30319"，按回车键运行该命令，如图 10-8 所示。

（14）在命令行中输入"aspnet_regiis.exe – i"，按回车键运行该命令，如
图 10-8 所示。

图 10-8　安装 ASP.NET 4.0

（15）等待，安装成功后关闭命令窗口。

（16）运行 Visual Studio 2010，打开网站 zjc。

（17）单击菜单"生成"→"生成网站"，如果生成成功即进入下一步，如
果有错误提示则修改错误，直至无误。

（18）单击菜单"生成"→"发布网站"，按图 10-9 所示在发布网站窗口
中进行设置。

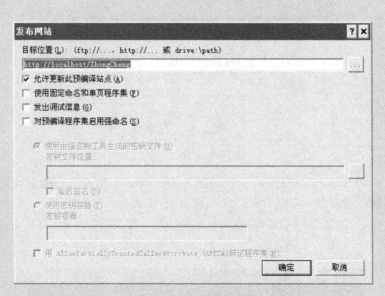

图 10-9 "发布网站"窗口

（19）发布成功。

打开浏览器，输入网址："http://localhost/ZhongCheng"就可以访问网站了。

小 贴 士

◆ **打开站点文件夹发现找不到.vb 文件**

生成网站是对网站项目的编译。发布网站首先编译网站中的可执行文件，然后将结果写入指定文件夹中，最后上传到服务器。发布网站将网站中所有的 vb 文件生成对应的 DLL 文件，vb 文件则自动消失，如图 10-10 所示；而生成网站后所有的 vb 文件都还在。

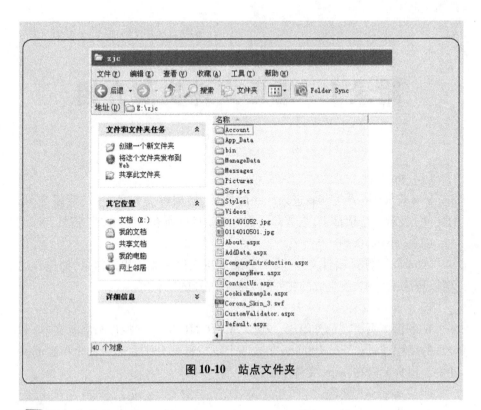

图 10-10 站点文件夹

工作理论依据

部署网站一般要经过以下几个步骤：

（1）安装 IIS；

（2）配置 IIS；

（3）安装 SQL Server 数据库；

（4）安装 Framwork4.0 环境；

（5）其他安装，如 Siverlight、水晶报表、Ajax；

（6）数据库的附加；

（7）发布网站。

10.3 工作后思考

（1）简述生成网站与发布网站的区别。

（2）上网查阅更多关于部署站点的信息。

附录1　常见文件类型介绍

（1）sln 文件

Visual Studio 开发套装进入. net 时代后，使用解决方案文件（后缀为 sln 的文件）表示一个项目组，它通常包含一个项目中所有的工程文件信息。

（2）.vbproj 文件

.vbproj 文件是项目文件，其中记录了与工程有关的相关信息，如包含的文件、程序的版本、所生成的文件的类型和位置的信息等。

（3）.aspx 文件

Web 窗体页由两部分组成：视觉元素（HTML、服务器控件和静态文本）和该页的编程逻辑。Visual Studio 将这两个组成部分分别存储在一个单独的文件中。视觉元素在. aspx 文件中创建。

（4）.aspx.vb 文件

Web 窗体页的编程逻辑位于一个单独的类文件中，该文件称作代码隐藏类文件（. aspx. vb）。

（5）.vb 文件

.vb 文件是类模块代码文件。业务逻辑处理层的代码。

（6）.asax 文件

Global. asax 文件（也叫做 ASP. NET 应用程序文件）是一个可选的文件，该文件包含响应 ASP. NET 或 HTTP 模块引发的应用程序级别事件的代码。

（7）.config 文件

config 文件一般是软件中的配置文件，不同的配置文件需要用不同的工具打开。如果是网站的配置文件，可以用网页开发工具打开；如果是数据库的配置文件，可以用相关的数据库软件打开。

（8）Web. config 文件

Web. config 文件是一个 XML 文本文件，它用来储存 ASP. NET Web 应用程序的配置信息（如最常用的设置 ASP. NET Web 应用程序的身份验证方式），它可以出现在应用程序的每一个目录中。

（9）. aspx. resx/. resx 文件

. aspx. resx/. resx 文件是资源文件，资源是在逻辑上由应用程序部署的任何非可执行数据。通过在资源文件中存储数据，无需重新编译整个应用程序即可更改数据。

（10）. XSD 文件

. XSD 文件是 XML schema 的一种. 从 DTD，XDR 发展到 XSD。

（11）. pdb 文件

. pdb 文件，全称为"程序数据库"文件。它（更确切的说是看到它被应用）的大多数应用场景是调试应用程序。目前我们对. pdb 文件的普遍认知是它存储了被编译文件的调试信息，作为符号文件存在。

（12）. suo 文件

. suo 是解决方案用户选项，记录所有将与解决方案建立关联的选项，以便在每次打开时，它都包含自定义设置。

（13）. asmx 文件

. asmx 文件包含 WebService 处理指令，并用作 XML Web services 的可寻址入口点。

（14）. vsdisco 文件

. vsdisco 文件是项目发现文件，也是基于 XML 的文件，它包含为 Web 服务提供发现信息的资源的链接（URL）。

（15）. htc 文件

从 5.5 版本开始，Internet Explorer(IE)开始支持 Web 行为的概念。这些行为是由后缀名为. htc 的脚本文件描述的，它们定义了一套方法和属性，程序员几乎可以把这些方法和属性应用到 HTML 页面上的任何元素上去。

（16）. css 文件

. css 文件是样式表文件。

附录2 代 码

Site. master 文件：

```
<%@ Master Language ="VB" AutoEventWireup ="false"
        CodeFile =" Site. Master. vb" Inherits =" Site" %>

<! DOCTYPE html PUBLIC " -//W3C//DTD XHTML 1. 0 Strict//EN" " http://
www. w3. org/TR/xhtml1/DTD/xhtml1 - strict. dtd" >
<html xmlns =" http://www. w3. org/1999/xhtml" xml:lang =" en" >
<head runat =" server" >
<meta http - equiv =" Content - Type" content =" text/html; charset =utf -8" / >
    <title > </title >
    <link href =" ~/Styles/Site. css" rel =" stylesheet" type =" text/css" / >
    <asp:ContentPlaceHolder ID =" HeadContent" runat =" server" >
    </asp:ContentPlaceHolder >
    <style type =" text/css" >
        . style1
        {
            width: 100%;
        }
        . style2
        {
            height: 30px;
        }
    </style >
</head >
<body >
    <form runat =" server" style =" width: 1100px" >
        <div class =" page" style =" width: 1100px" >
```

```
<div class =" header" style =" width: 1100px" >
    <div class =" title" >
        <asp:Image ID =" Image1" runat =" server"
                ImageUrl =" ~/Pictures/ZClogo. png"
                style =" margin -right: 5px" Height =" 70px" / >
    </div >
    <div class =" Login" align =" right" >
        <div class =" loginDisplay" >
        <asp:LoginView ID =" LoginView1" runat =" server"
                EnableViewState =" false" >
            <AnonymousTemplate >
                [ <a href =" ~/Account/Login. aspx"
                    ID =" HeadLoginStatus"
                    runat =" server" >登录 </a > ]
            </AnonymousTemplate >
            <LoggedInTemplate > 欢迎您,
            <span class =" bold" >
                <asp:LoginName ID =" HeadLoginName"
                            runat =" server" / >
            </span >!
                [ <asp:LoginStatus ID =" HeadLoginStatus"
                            runat =" server"
                            LogoutAction =" Redirect"
                            LogoutText =" 注销"
                            LogoutPageUrl =" ~/" / > ]
            </LoggedInTemplate >
        </asp:LoginView >
        </div >
    </div >
    <br / > <br / >
    <div class =" clear hideSkiplink" align =" left" >
        <asp:Menu ID =" NavigationMenu" runat =" server"
                CssClass =" menu" EnableViewState =" false"
                IncludeStyleBlock =" false"
                Orientation =" Horizontal"
```

```
                        Width =" 156px"  >
                <Items >
                    <asp:MenuItem Text =" 公司首页 Value =公司首页"
                            NavigateUrl =" ~/Default. aspx" / >
                    <asp:MenuItem Text =" 公司简介" Value =" 公司简介"
                        NavigateUrl =" ~/CompanyIntroduction. aspx" / >
                    <asp:MenuItem Text =" 新闻动态" Value =" 新闻动态"
                            NavigateUrl =" ~/CompanyNews. aspx" / >
                    </asp:MenuItem >
                    <asp:MenuItem Text =" 服务领域" Value =" 服务领域"
                            NavigateUrl =" ~/Services. aspx" >
                    </asp:MenuItem >
                    <asp:MenuItem Text =" 成功案例" Value =" 成功案例"
                            NavigateUrl =" ~/SuccessfulCases. asp" >
                    </asp:MenuItem >
                    <asp:MenuItem Text =" 人才招聘" Value =" 人才招聘"
                        NavigateUrl =" ~/PersonnelRecruitment. aspx" >
                    </asp:MenuItem >
                    <asp:MenuItem Text =" 联系我们" Value =" 联系我们"
                            NavigateUrl =" ~/ContactUs. aspx" >
                    </asp:MenuItem >
                    <asp:MenuItem Text =" 数据管理" Value =" 数据管理
                        NavigateUrl =" ~/ManageData/ManageData. aspx" >
                    </asp:MenuItem >
                </Items >
            </asp:Menu >
        </div >
    </div >

    <div class =" main" style =" width: 1100px" >
        <table cellpadding =" 0" cellspacing =" 0" class =" style1"
            style =" width: 100%" >
            <tr >
                <td width =" 50px" height =" 30" >
                      </td >
```

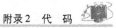

```
<td width =" 100px"  style =" background – image:
            url('/zjc/Pictures/TableTLPic. png')" >
      </td >
<td style =" background – image:
            url('/zjc/Pictures/TableTPic. png')"
    width =" 800" >
      </td >
<td width =" 100px"  style =" background – image:
            url('/zjc/Pictures/TableTRPic. png')" >
      </td >
<td width =" 50px"  >
      </td >
</tr >
<tr >
    <td >
          </td >
    <td style =" background – image:
                url('/zjc/Pictures/TableLPic. png')" >
          </td >
    <td >
        <asp:ContentPlaceHolder ID =" MainContent"
                            runat =" server" >
        </asp:ContentPlaceHolder >
    </td >
    <td style =" background – image:
                url('/zjc/Pictures/TableRPic. png')" >
          </td >
    <td >
          </td >
</tr >
<tr >
    <td class =" style2" >
        </td >
    <td style =" background – image:
            url('/zjc/Pictures/TableBLPic. png')"
```

```
                        class =" style2" >
                   </td >
                 <td style =" background - image:
                          url('/zjc/Pictures/TableBPic. png')"
                   class =" style2" >
                 </td >
                 <td style =" background - image:
                          url('/zjc/Pictures/TableBRPic. png')"
                   class =" style2" >
                 </td >
                 <td class =" style2" >
                 </td >
              </tr >
              <tr >
                 <td >   </td >
                 <td >  </td >
                 <td >  </td >
                 <td >  </td >
                 <td >  </td >
              </tr >
              <tr >
                 <td >  </td >
                 <td colspan =" 3"  align =" center" >
                    <asp:ContentPlaceHolder ID =" InfoContent"
                                         runat =" server" >
                    </asp:ContentPlaceHolder >
                 </td >
                 <td >  </td >
              </tr >
              <tr >
                 <td >  </td >
                 <td >  </td >
                 <td >  </td >
                 <td >  </td >
                 <td >  </td >
```

```
                </tr>
            </table>
        </div>
    </div>
<div class="footer">
    <table cellpadding="0" cellspacing="0" class="style1"
        border="0">
        <tr>
            <td height="30" width="200">  
            </td>
            <td style="background-image:
                    url('/zjc/Pictures/PBLPic.png')"
                width="100">  
            </td>
            <td style="background-image:
                    url('/zjc/Pictures/PBMPic.png');"
                align="center">
                <asp:HyperLink ID="HyperLink1" runat="server"
                    NavigateUrl="~/CompanyIntroduction.aspx">
                    关于我们
                </asp:HyperLink>     
                          
                          
                <asp:HyperLink ID="HyperLink2" runat="server"
                    NavigateUrl="~/ContactUs.aspx">联系我们
                </asp:HyperLink>    
                          
                          
                <asp:HyperLink ID="HyperLink3" runat="server"
                    NavigateUrl="~/InformationFeedback.aspx">信息反馈
                </asp:HyperLink>    
                          
                          
                <asp:HyperLink ID="HyperLink4" runat="server"
                    NavigateUrl="~/LinkPopularity.aspx">友情链接
```

```
                    </asp:HyperLink >
                </td >
                <td style =" background –image: url('/zjc/Pictures/PBRPic. png')"
                    width =" 100" >   </td >
                <td width =" 200" >   </td >
            </tr >
            <tr >
                <td height =" 20" >   </td >
                <td style =" background –image:
                        url('/zjc/Pictures/PBBLPic. png')" >   </td >
                <td style =" background –image:
                        url('/zjc/Pictures/PBBMPic. png')" >   </td >
                <td style =" background –image:
                        url('/zjc/Pictures/PBBRPic. png')" >   </td >
                <td >  </td >
            </tr >
            <tr >
                <td >  </td >
                <td >  </td >
                <td >
                    Copyright@ 镇江众诚数字科技有限公司
                    2013 –2014,All Rights Reserved </td >
                <td >  </td >
                <td >  </td >
            </tr >
        </table >
    </div >
    </form >
</body >
</html >
```

根目录下 Web. config 文件：

```
<? xml version ="1.0"? >
<!--有关如何配置 ASP.NET 应用程序的详细信息,请访问
  http://go.microsoft.com/fwlink/? LinkId=169433 --->
<configuration>
    <connectionStrings>
     <add name ="ApplicationServices" connectionString =
      " data source =.\SQLEXPRESS;Integrated Security =SSPI;
      AttachDBFilename =|DataDirectory|\aspnetdb.mdf;
      User Instance =true"
      providerName =" System.Data.SqlClient" />
     <add name =" zhongchengConnectionString"
        connectionString =" Data Source =.\SQLEXPRESS;
        AttachDbFilename =
        &quot;E:\ASPNET\zjc\App_Data\zhongcheng.mdf&quot;;
        Integrated Security =True;Connect Timeout =30;
        User Instance =True"
        providerName =" System.Data.SqlClient" />
    </connectionStrings>
    <system.web>
    <httpRuntime maxRequestLength =" 409600" />
<compilation debug =" true" strict =" false" explicit =" true"
          targetFramework =" 4.0" />
      <authentication mode =" Forms" >
      <forms loginUrl =" ~/Account/Login.aspx" timeout =" 2880" />
       </authentication>
      <membership>
         <providers>
            <clear/ >
            <add name =" AspNetSqlMembershipProvider"
          type =" System.Web.Security.SqlMembershipProvider"
          connectionStringName =" ApplicationServices"
          enablePasswordRetrieval =" false"
          enablePasswordReset =" true"
          requiresQuestionAndAnswer =" false"
```

```
                    requiresUniqueEmail =" false"
                    maxInvalidPasswordAttempts =" 5"
                    minRequiredPasswordLength =" 6"
                minRequiredNonalphanumericCharacters =" 0"
                    passwordAttemptWindow =" 10"
                    applicationName =" /" / >
                </providers >
            </membership >
            <profile >
                <providers >
                    <clear/ >
                    <add name =" AspNetSqlProfileProvider"
                        type =" System. Web. Profile. SqlProfileProvider"
                        connectionStringName =" ApplicationServices"
                        applicationName =" /" / >
                </providers >
            </profile >
            <roleManager enabled =" true" >
      <providers >
        <clear / >
<add connectionStringName =" ApplicationServices"
      applicationName =" /"  name =" AspNetSqlRoleProvider"
      type =" System. Web. Security. SqlRoleProvider"  / >
<add applicationName =" /"
      name =" AspNetWindowsTokenRoleProvider"
          type =" System. Web. Security. WindowsTokenRoleProvider"  / >
      </providers >
    </roleManager >
        </system. web >
        <system. webServer >
            <modules runAllManagedModulesForAllRequests =" true" / >
        </system. webServer >
</configuration >
```

ManageData 文件夹下 Web. config 文件：

```xml
<? xml version =" 1. 0"  encoding =" utf −8" ?  >
<configuration >
    <system. web >
        <authorization >
            <allow roles =" manager"  / >
            <deny roles =" user"  / >
            <deny users =" ?"  / >
        </authorization >
    </system. web >
</configuration >
```

manageData. aspx 文件：

```
<%@ Page Title ="" Language =" VB"
         MasterPageFile =" ~/manageData/manage. master"
         AutoEventWireup =" false" CodeFile =" ManageData. aspx. vb"
         Inherits =" manageData_manageData" % >


<asp:Content ID =" Content1" ContentPlaceHolderID =" HeadContent"
         Runat =" Server" >
</asp:Content >
<asp:Content ID =" Content2" ContentPlaceHolderID =" MainContent"
         Runat =" Server" >
<asp:Panel ID =" Panel1" runat =" server" ScrollBars =" Both" >
    <p style =" text –align:center; font –size  :x –large" >
        数据维护 </p >
    <p style =" text –align:center; font –size  :large" >
        案例类型表 </p >
    <p >
    <asp:SqlDataSource ID =" SqlDataSource1" runat =" server"
         ConnectionString =
         " <% $ ConnectionStrings:zhongchengConnectionString % >"
         DeleteCommand =" DELETE FROM [ CaseType]
                    WHERE [ CaseTypeID]  = @ CaseTypeID"
         InsertCommand =" INSERT INTO [ CaseType] ( [ CaseTypeID],
                    [ CaseTypeName] )
                    VALUES ( @ CaseTypeID, @ CaseTypeName)"
         ProviderName = " <% $ ConnectionStrings:
                    zhongchengConnectionString. ProviderName % >"
         SelectCommand =" SELECT [ CaseTypeID], [ CaseTypeName]
                    FROM [ CaseType]"
         UpdateCommand =" UPDATE [ CaseType]
                    SET [ CaseTypeName]  = @ CaseTypeName
                    WHERE [ CaseTypeID]  = @ CaseTypeID" >
         <DeleteParameters >
             <asp:Parameter Name =" CaseTypeID" Type =" String" / >
         </DeleteParameters >
```

```
<InsertParameters>
    <asp:Parameter Name="CaseTypeID" Type="String" />
    <asp:Parameter Name="CaseTypeName" Type="String" />
</InsertParameters>
<UpdateParameters>
    <asp:Parameter Name="CaseTypeName" Type="String" />
    <asp:Parameter Name="CaseTypeID" Type="String" />
</UpdateParameters>
</asp:SqlDataSource>
<asp:GridView ID="GridView1" runat="server"
        AllowPaging="True" AllowSorting="True"
        AutoGenerateColumns="False"
        DataKeyNames="CaseTypeID"
        DataSourceID="SqlDataSource1"
        EmptyDataText="没有可显示的数据记录。"
        HorizontalAlign="Center">
    <Columns>
        <asp:CommandField ShowEditButton="True"
                    ShowSelectButton="True" />
        <asp:BoundField DataField="CaseTypeID"
                HeaderText="类型代号"
                ReadOnly="True"
                SortExpression="CaseTypeID" />
        <asp:BoundField DataField="CaseTypeName"
                HeaderText="类型名称"
                SortExpression="CaseTypeName" />
    </Columns>
</asp:GridView>
</p>
<p style="text-align:center; font-size:large">
    案例表         
                
               
    <asp:HyperLink ID="HyperLink1" runat="server" Font-Size="Small"
            Font-Underline="True" NavigateUrl="addData.aspx"
```

```
                    Target =" _blank" >添加案例数据
        </asp:HyperLink >
</p >
<p >
    <asp:GridView ID =" GridView2"  runat =" server"  AllowPaging =" True"
            AllowSorting =" True"  AutoGenerateColumns =" False"
            DataKeyNames =" CaseID"
            DataSourceID =" SqlDataSource2"
            HorizontalAlign =" Center"  >
        <Columns >
            <asp:BoundField DataField =" CaseID"  HeaderText =" 案例 ID"
                            ReadOnly =" True"  SortExpression =" CaseID"  / >
            <asp:BoundField DataField =" CaseTypeID"
                        HeaderText =" 案例类型 ID"
                        SortExpression =" CaseTypeID"  / >
            <asp:BoundField DataField =" CaseDescription"
                        HeaderText =" 案例介绍"
                        SortExpression =" CaseDescription"  / >
            <asp:BoundField DataField =" ImageName"
                        HeaderText =" 案例截图"
                        SortExpression =" ImageName"  / >
            <asp:BoundField DataField =" VideoName"
                        HeaderText =" 案例视频"
                        SortExpression =" VideoName"  / >
            <asp:BoundField DataField =" CompanyName"
                        HeaderText =" 公司名称"
                        SortExpression =" CompanyName"  / >
            <asp:BoundField DataField =" ProductionDate"
                        HeaderText =" 设计时间"
                        SortExpression =" ProductionDate"  / >
            <asp:BoundField DataField =" CasePrice"
                        HeaderText =" 案例价格"
                        SortExpression =" CasePrice"  / >
            <asp:TemplateField ShowHeader =" False"  >
                <ItemTemplate >
```

```
<asp:LinkButton ID ="LinkButton1" runat ="server"
                CausesValidation ="False"
                CommandName ="Select"
                Text ="选择" > </asp:LinkButton >
<asp:LinkButton ID ="LinkButton2" runat ="server"
                CausesValidation ="False"
                CommandName ="Delete"
                Text ="删除" > </asp:LinkButton >
        </ItemTemplate >
      </asp:TemplateField >
    </Columns >
  </asp:GridView >
</p >
<p >
  <asp:SqlDataSource ID ="SqlDataSource2" runat ="server"
    ConnectionString ="<% $ ConnectionStrings:
                    zhongchengConnectionString % >"
    DeleteCommand ="DELETE FROM [CaseTable]
                WHERE [CaseID] = @CaseID"
    InsertCommand ="INSERT INTO [CaseTable] ([CaseID],
                [CaseTypeID], [CaseDescription], [ImageName],
                [VideoName], [CompanyName],
                [ProductionDate], [CasePrice])
                VALUES (@CaseID, @CaseTypeID,
                  @CaseDescription, @ImageName,
                  @VideoName, @CompanyName,
                  @ProductionDate, @CasePrice)"
    SelectCommand ="SELECT CaseID, CaseTypeID,
                CaseDescription, ImageName,
                VideoName, CompanyName,
                ProductionDate, CasePrice
                FROM CaseTable
                WHERE (CaseTypeID = @Param1)"
    UpdateCommand ="UPDATE [CaseTable]
                SET [CaseTypeID] = @CaseTypeID,
```

```
                            [ CaseDescription ] = @ CaseDescription,
                            [ ImageName ] = @ ImageName,
                            [ VideoName ] = @ VideoName,
                            [ CompanyName ] = @ CompanyName,
                            [ ProductionDate ] = @ ProductionDate,
                            [ CasePrice ] = @ CasePrice
                            WHERE [ CaseID ] = @ CaseID" >
        < DeleteParameters >
            < asp:Parameter Name =" CaseID" Type =" String" / >
        </ DeleteParameters >
        < InsertParameters >
            < asp:Parameter Name =" CaseID" Type =" String" / >
            < asp:Parameter Name =" CaseTypeID" Type =" String" / >
            < asp:Parameter Name =" CaseDescription" Type =" String" / >
            < asp:Parameter Name =" ImageName" Type =" String" / >
            < asp:Parameter Name =" VideoName" Type =" String" / >
            < asp:Parameter Name =" CompanyName" Type =" String" / >
            < asp:Parameter Name =" ProductionDate" Type =" DateTime" / >
            < asp:Parameter Name =" CasePrice" Type =" String" / >
        </ InsertParameters >
        < SelectParameters >
            < asp:ControlParameter ControlID =" GridView1"
                            DefaultValue =" 01" Name =" Param1"
                            PropertyName =" SelectedValue" / >
        </ SelectParameters >
        < UpdateParameters >
            < asp:Parameter Name =" CaseTypeID" Type =" String" / >
            < asp:Parameter Name =" CaseDescription" Type =" String" / >
            < asp:Parameter Name =" ImageName" Type =" String" / >
            < asp:Parameter Name =" VideoName" Type =" String" / >
            < asp:Parameter Name =" CompanyName" Type =" String" / >
            < asp:Parameter Name =" ProductionDate" Type =" DateTime" / >
            < asp:Parameter Name =" CasePrice" Type =" String" / >
            < asp:Parameter Name =" CaseID" Type =" String" / >
        </ UpdateParameters >
```

```
        </asp:SqlDataSource >
    </p >
</asp:Panel >
</asp:Content >
```

ManageData. aspx. vb 文件:

```
Partial Class manageData_manageData
    Inherits System. Web. UI. Page
Protected Sub GridView2_SelectedIndexChanged_
(ByVal sender As Object, ByVal e As System. EventArgs)_
Handles GridView2. SelectedIndexChanged

        Session("CaseID") = GridView2. SelectedDataKey. Value
        Response. Redirect("EditData. aspx")


    End Sub
End Class
```

EditData. aspx 文件:

```
< %@ Page Title ="" Language =" VB"
MasterPageFile =" ~/ManageData/Manage. master"
AutoEventWireup =" false" CodeFile =" EditData. aspx. vb"
Inherits =" ManageData_AddEditData" % >


<asp:Content ID =" Content1" ContentPlaceHolderID =" HeadContent"
Runat =" Server" >
</asp:Content >
<asp:Content ID =" Content2" ContentPlaceHolderID =" MainContent"
runat =" Server" >  
<asp:DetailsView ID =" DetailsView1" runat =" server"
AutoGenerateRows =" False"
                    DataKeyNames ="案例代号"
DataSourceID =" SqlDataSource1"
Height =" 50px" Width =" 460px"
HorizontalAlign =" Center"
DefaultMode =" Edit" >
        <FieldHeaderStyle Width =" 80px" / >
        <Fields >
            <asp:BoundField DataField ="案例代号"
                        HeaderText ="案例代号" ReadOnly =" True"
                        SortExpression ="案例代号" / >
            <asp:TemplateField HeaderText ="案例类型"
                        SortExpression ="案例类型" >
            <EditItemTemplate >
                <asp:TextBox ID =" tbType" runat =" server"
                        ReadOnly =" True"
                        Text =' < %# bind("案例类型") % >' >
                </asp:TextBox >
                <asp:DropDownList ID =" DropDownList1"
                            runat =" server"
                        DataSourceID =" SqlDataSource2"
                        DataTextField =" CaseTypeName"
                        DataValueField =" CaseTypeID"
```

```
                        AutoPostBack =" True"
                    onselectedindexchanged =
                " DropDownList1_SelectedIndexChanged" >
            </asp：DropDownList >
            <asp：SqlDataSource ID =" SqlDataSource2"
                        runat =" server"
                ConnectionString =" < % $ ConnectionStrings：
                        zhongchengConnectionString % >"
                SelectCommand =" SELECT [ CaseTypeID ] ,
                    [ CaseTypeName ] FROM [ CaseType ]" >
            </asp：SqlDataSource >
        </EditItemTemplate >
        <InsertItemTemplate >
            <asp：TextBox ID =" TextBox1"  runat =" server"
                    Text =' < %# Bind(" 案例类型" ) % >' >
            </asp：TextBox >
        </InsertItemTemplate >
        <ItemTemplate >
            <asp：Label ID =" Label1"  runat =" server"
                    Text =' < %# Bind(" 案例类型" ) % >' >
            </asp：Label >
        </ItemTemplate >
    </asp：TemplateField >
    <asp：BoundField DataField =" 案例介绍"
                HeaderText =" 案例介绍"
                SortExpression =" 案例介绍" / >
    <asp：TemplateField HeaderText =" 案例图片"
                SortExpression =" 案例图片?" >
        <EditItemTemplate >
            <asp：TextBox ID =" tbPic"  runat =" server"
                    ReadOnly =" True"
                    Text =' < %# bind(" 案例图片?" ) % >' >
            </asp：TextBox >
            <asp：Label ID =" Label5"  runat =" server"
                Text =" 注：图片文件名上传后自动改为案例代号" >
```

```
            </asp:Label >
            <br / >
            <asp:FileUpload ID =" upImage" runat =" server"
                        Height =" 20px" Width =" 230px" / >
             
            <asp:Button ID =" btnAddPic" runat =" server"
                    Height =" 20px"
                    onclick =" btnAddPic_Click"
                    Text =" 上传图片"
                    UseSubmitBehavior =" False" / >
            <br / >
            <asp:RegularExpressionValidator
                    ID =" RegularExpressionValidator1"
                  runat =" server"
                ErrorMessage =" 您选择的图片格式不对,请重新选择!"
                ForeColor =" Red"
                ValidationExpression =" . + \. ( jpg|jpeg) $ "
              ControlToValidate =" upImage"  >
                    注:图片格式要求为 jpg
            </asp:RegularExpressionValidator >
      </EditItemTemplate >
      <InsertItemTemplate >
            <asp:TextBox ID =" TextBox2" runat =" server"
                    Text =' <%# Bind(" 案例图片" ) %>' >
            </asp:TextBox >
      </InsertItemTemplate >
      <ItemTemplate >
            <asp:Label ID =" Label2" runat =" server"
                    Text =' <%# Bind(" 案例图片" ) %>' >
            </asp:Label >
      </ItemTemplate >
</asp:TemplateField >
<asp:TemplateField HeaderText =" 案例视频"
              SortExpression =" 案例视频"  >
      <EditItemTemplate >
```

```
            <asp:TextBox ID =" tbVideo" runat =" server"
                    Text =' <%# bind(" 案例视频") % >' >
            </asp:TextBox >
            <asp:Label ID =" Label6" runat =" server"
             Text =" 注:视频文件名上传后自动改为案例代号" >
            </asp:Label >
            <br / >
            <asp:FileUpload ID =" upVideo" runat =" server"
                    Height =" 20px" Width =" 230px" / >
            <asp:Button ID =" btnAddVideo" runat =" server"
                    onclick =" btnAddVideo_Click"
                    Text =" 上传视频"
                    UseSubmitBehavior =" False" / > <br / >
            <asp:Label ID =" Label7" runat =" server"
                    ForeColor =" Red"
                        Text =" 视频文件大小不超过 400M" >
            </asp:Label >
        </EditItemTemplate >
        <InsertItemTemplate >
            <asp:TextBox ID =" TextBox3" runat =" server"
                        Text =' <%# Bind(" 案例视频") % >' >
            </asp:TextBox >
        </InsertItemTemplate >
        <ItemTemplate >
            <asp:Label ID =" Label3" runat =" server"
                        Text =' <%# Bind(" 案例视频") % >' >
            </asp:Label >
        </ItemTemplate >
    </asp:TemplateField >
    <asp:BoundField DataField =" 公司名称"
                HeaderText =" 公司名称"
                SortExpression =" 公司名称" / >
    <asp:TemplateField HeaderText =" 设计时间"
                SortExpression =" 设计时间" >
        <EditItemTemplate >
```

```
        <asp:TextBox ID ="tbTime" runat ="server"
                Text ='<%# bind("设计时间")%>'>
        </asp:TextBox>
        <asp:Label ID ="lblTime1" runat ="server"
                Text ="格式（英文输入法状态）：
                1981-01-01(年、月、日中间是短横线，
                月、日需两位,不足前面补零)">
        </asp:Label>
        <asp:RegularExpressionValidator
            ID =" RegularExpressionValidator2" runat ="server"
            ControlToValidate ="tbTime"
            ErrorMessage ="RegularExpressionValidator"
            ForeColor ="Red"
            ValidationExpression ="\d{4}-\d{2}-\d{2}">
            您输入的日期格式不对,请重新输入！
        </asp:RegularExpressionValidator>
    </EditItemTemplate>
    <InsertItemTemplate>
        <asp:TextBox ID =" TextBox4" runat ="server"
                Text ='<%# Bind("设计时间")%>'>
        </asp:TextBox>
    </InsertItemTemplate>
    <ItemTemplate>
        <asp:Label ID =" Label4" runat ="server"
                Text ='<%# Bind("设计时间")%>'>
        </asp:Label>
    </ItemTemplate>
</asp:TemplateField>
<asp:BoundField DataField ="案例价格"
            HeaderText ="案例价格"
            SortExpression ="案例价格" />
<asp:CommandField ShowEditButton ="True" />
</Fields>
</asp:DetailsView>
<asp:SqlDataSource ID =" SqlDataSource1" runat ="server"
```

```
            ConnectionString =" < % $ ConnectionStrings：
                            zhongchengConnectionString % >"
        SelectCommand =" SELECT CaseID AS  案例代号，
                    CaseTypeID AS  案例类型，
                    CaseDescription AS  案例介绍，
                    ImageName AS  案例图片，
                    VideoName AS  案例视频，
                    CompanyName AS  公司名称，
                    ProductionDate AS  设计时间，
                    CasePrice AS  案例价格
                    FROM CaseTable
                    WHERE ( CaseID  = @ Param1 )"
        UpdateCommand =" UPDATE [ CaseTable ]
                    SET [ CaseTypeID ] = @ CaseTypeID,
                    [ CaseDescription ]  = @ CaseDescription,
                    [ ImageName ]  = @ ImageName,
                    [ VideoName ]  = @ VideoName,
                    [ CompanyName ]  = @ CompanyName,
                    [ ProductionDate ]  = @ ProductionDate,
                    [ CasePrice ]  = @ CasePrice
                    WHERE [ CaseID ]  = @ CaseID" >
    < SelectParameters >
                < asp：SessionParameter DefaultValue =" 0114010502"
                            Name =" Param1"
                            SessionField =" CaseID"  / >
    </ SelectParameters >
  </asp：SqlDataSource >
  < div style =" text – align：center " >
     < asp：HyperLink ID =" HyperLink1"  runat =" server"
        NavigateUrl =" ~/ManageData/ManageData. aspx" >
            返回数据管理页
     </ asp：HyperLink >
  </ div >
</ asp：Content >
```

EditData. aspx. vb 文件：

```vb
Imports System. IO
Partial Class ManageData_AddEditData
    Inherits System. Web. UI. Page


Protected Sub btnAddPic_Click_
(ByVal sender As Object, ByVal e As System. EventArgs)
        Dim upImg As FileUpload  = _
Me. DetailsView1. FindControl(" upImage")
        Dim tbPic As TextBox  = _
Me. DetailsView1. FindControl(" tbPic")
        Dim filePath As String
        Dim ext As String
        Dim IsPic As Boolean  = False


        ext = upImg. FileName      '获取件上传控件中的文件名


        If ext. Length > 4 Then    '文件名长度至少大于，
                                '否则没有正确选择文件
            '获取文件后缀名
            ext = ext. Substring( ext. LastIndexOf(" ."), 4)
            Select Case ext
                Case " . jpg"
                    IsPic = True
                Case " . jpeg"
                    IsPic = True
                Case Else
                    IsPic = False
            End Select
            Session(" CaseID")  = DetailsView1. DataKey. Value
            tbPic. Text = Session(" CaseID")  + ext
        Else
            MsgBox (" 您选择的文件不是有效的图片文件,_
                请重新选择!", MsgBoxStyle. Information  +_
                MsgBoxStyle. OkOnly, " 出错了")
```

```
        End If

    If  IsPic  Then
        '实现图片自动重命名为案？例代号加后缀名
        filePath  =  " ~/Videos/VideoImages/"  +_
                Session(" CaseID" )  + ext
        upImg. SaveAs( MapPath( filePath) )
    End If
End Sub


Protected Sub  btnAddVideo_Click_
    ( ByVal  sender  As  Object, ByVal  e  As  System. EventArgs)

    Dim  upVideo  As  FileUpload  = _
            Me. DetailsView1. FindControl(" upVideo" )
    Dim  tbVideo  As  TextBox  = _
            Me. DetailsView1. FindControl(" tbVideo" )
    Dim  filePath  As  String
    Dim  ext  As  String

    ext  =  upVideo. FileName      '获取文件上传控件中的文件名

    If  ext. Length  > 4  Then
        ext  =  ext. Substring( ext. LastIndexOf( " ." ) , 4)
                                '获? 取¨? 文? 件 t 后¨? 缀 óo 名?
        Session(" CaseID" )  =  DetailsView1. DataKey. Value
        tbVideo. Text  =  Session(" CaseID" )  + ext
    End If

    If  ext  = " . flv"  Or  ext  = " . FLV"  Then
        filePath  = " ~/Videos/"  + Session(" CaseID" )  + ext
        upVideo. SaveAs( MapPath( filePath) )
    End If

End Sub
```

```
Protected Sub DropDownList1_SelectedIndexChanged_
    (ByVal sender As Object, ByVal e As System. EventArgs)
    Dim tbType As TextBox  = _
            Me. DetailsView1. FindControl(" tbType" )
    Dim DDL1 As DropDownList  =_
            Me. DetailsView1. FindControl(" DropDownList1" )
    tbType. Text = DDL1. SelectedValue
End Sub
End Class
```

附录3 Web 页面编程基础

1. 变量、常量和表达式

1) 数据类型

数据类型决定着计算机占用的内存空间、能够表示的数据范围以及数据的存储和处理方式。VB. NET 提供了丰富的基本数据类型,并允许用户定义新的数据类型。数值类型的数据类型见表1。

表1　数值类型的数据类型

数据类型	表示方式	取 值 范 围	说 明
整型	Integer	− 2147483648 ~ 2147483647	用于表示简单整数
字节型	Byte	0 ~ 255	用于简单算术运算
短整型	Short	− 32768 ~ 32767	是整型的一种形式,相对表示范围较小
长整型	Long	− 9223372036854775808 ~ 9223372036854775807	是整型的一种形式,相对表示范围较大
单精度型	Single	− 3. 402823E38 ~ − 1. 401298E − 45(对于负数)和 1. 401298E − 45 ~ 3. 402823E38(对于正数)	用于存放单精度浮点数
双精度型	Double	− 1. 79869313486232E308 ~ − 4. 94065645841247E − 324(对于负数)和4. 94065645841247E − 324 ~ 1. 79869313486232E308(对于正数)	用于存放双精度浮点数
小数	Decimal	当小数位为 0 的时候,为 − 79228162514264337593543950335 ~ 79228162514264337593543950335 当小数位为 28 的时候,为 − 7. 9228162514264337593543950335 ~ 7. 92281625142643375935 4395033	常用于存储货币值

用于存放文本的数据类型有两种,见表2。

表2 文本类型的数据类型

数据类型	表示方式	说 明
字符串型	String	用于存放任何形式的字符串,包括一个字符或者多行字符
字符型	Char	用于存放一个字符,它以 0 ~ 65535 之间数字的形式存储

String 类型用于保存字符串数据,一个字符占 1 个字节,一个汉字占 2 ~ 4 个字节,字符串最大长度可达 20 亿(231)个 Unicode 字符。字符串前后要加上" " 。例如:"Good morning !"、"程序"。

字符型数据占 2 个字节,取值范围 0 ~ 65535,代表一个 Unicode 字符。Char 数据类型与数值类型之间不允许隐式转换,但可使用系统的 Asc( )或 AscW( )将 Char 数据显示转换为数值数据。

数据类型还有 Date 数据类型、布尔数据类型和 Object 数据类型,其说明见表3。

表3 其他数据类型

数据类型	表示方式	说 明
日期型	Date	必须用 mm/dd/yyyy 的格式表示,也可以存储时间(可以存储 00:00:00 ~ 23:59:59 之间的任何时间)
布尔型	Boolean	取值为 True 或 False
对象型	Object	一般的实例变量,只能使用它们的引用或指针

Date 类型用来保存日期和时间数据,占 8 字节,取值范围为 1 - 1 - 0001 0:00:00 ~ 12 - 31 - 9999 23:59:59,即日期范围为公元 1 年 1 月 1 日 ~ 9999 年 12 月 31 日,时间范围为 0:00:00 ~ 23:59:59。Date 数据要求在日期时间值前后加上"#",日期时间值的格式为 m - d - yyyy hh:mm:ss(月 - 日 - 年 时:分:秒)。例如:#12 - 3 - 2003 10:20:18#。

逻辑类型数据占 2 个字节,主要用来存放逻辑判断的结果,取值为逻辑值,即 True(真)或 False(假)。当将其他数据类型转换为逻辑数据时,非 0 转换为 True,0 转换为 False。。

2) 变量

变量用来存储程序中需要处理的数据,用户可以把变量看作是在内存中存储数据的盒子。可用下列语法进行变量的声明:

```
Dim variable As [New] {Object | class}
```

As 关键字指定变量的数据类型,可以使用 Protected,Friend,Private, Shared 或者 Static 进行对象的声明。如:

```
Private ObjA As Object
Static ObjB As Label
Dim ObjC As System. Buffer
```

注意:如果没有指定一个变量的类型,则该变量的数据类型是缺省的 Object。然而这种不声明变量类型的方法并不推荐使用。

有时,对象的类型在过程没有运行之前还是不确定的,在这种情况下,可以声明这个对象变量的类型为 Object 数据类型,这样可以创建一个对任何对象的引用。

把一个对象声明为一个特定的类的一个实例,有如下好处:

(1) 动态检查类型。

(2) 在代码中得到微软的 intellisense 支持。

(3) 增强可读性。

(4) 减少代码的错误率。

(5) 使代码运行效率更高。

在其他程序设计语言中,几乎都要求程序设计人员在使用变量之前定义变量的数据类型,因为不同数据类型的变量所需要的内存空间是不一样的。

Visual Basic. NET 和其他语言一样,其变量名称必须以字母开头,且只能包含字母、数字和下划线,并且不是 V B. NET 关键字。在为变量取名时,建议不要使用像 a 或者 x 这样让人无法理解的变量名,而应该采用小写前缀加上有特定描述意义的名字来为变量命名,这种命名方法被称为 Hungarian 法。变量名的前三个字母用于说明数据类型,第四个字母大写以表示变量的实际含义。例如:

```
Dim strFileName
Dim intTotal
```

用 str 和 FileName 两个部分组合来表示 strFileName 用来存储字符串类型的文件名,用 int 和 Total 两个部分组合来表示 intTotal 用来存储整数类型的总和。

在 VB. NET 中,常用的约定前缀见表 4。

表 4　常用的变量命名约定

数据类型	前缀	举例
Boolean	bln	blnYes
Byte	byt	bytByte
Char	chr	chrChar
Date	dat	datDate
Double	dbl	dblDouble
Decimal	dec	decDecimal
Integer	int	intTotal
Long	lng	lngLong
Single	sng	sngSingle
Short	sho	shoShort
String	str	strText
Object	obj	objFileObject

在 VB. NET 中,是不区分大小写的,这就意味着,变量 strFileName 和变量 strfilename 将表示同一个变量。

3）运算符

VB. NET 中常用的运算符与其他语言中的运算符并没有什么不同。常用的运算符有赋值运算符、算术运算符、字符串连接运算符、比较运算符和逻辑运算符。

（1）赋值运算符

虽然它表面上是一个等号,但并不是一个数学意义上的等号,它的意思是把等号后边的值赋值给等号前面的变量。

例如,如果定义了一个整数型变量 intNumber,就可以使用下面的语句:

```
Dim intNumber as Integer
intNumber =3
intNumber =intNumber * 3
```

其中,第一行表示创建了一个名为 intNumber 的整数型变量,第二行表示把这个变量赋值为 3,第三行表示把 intNumber 中的值 3 乘以 3 所得到的值赋值给 intNumber。当第三条语句执行完成之后,intNumber 中的值就是 9。而在数学上,当 intNumber 的值是非零的时候,intNumber 无论如何也不可能等于 intNumber * 3。

（2）算术运算符

VB. NET 中的算术运算符有：+（加）、-（减）、*（乘）、/（除）、\（整数除）、Mod（取模）和^（幂），其中需要解释的是/（除）和\（整数除）之间的区别。/（除）表示的是通常意义的除法，例如，(5.4/3)的结果是 1.8，而\（整数除）表示把除数和被除数四舍五入以后再计算除法得到的整数结果，所以在计算(5.4\3)时，把5.4四舍五入为5，再进行运算，得到的整数结果是1，这种运算在特定的应用中十分有用。

\（整数除）取整的两个操作数均为整数型值；/（除）的返回值默认类型为 Double。

Single 类型与 Long 类型相加时，返回值为 Double 类型。如果两个数都为 Empty，则返回值为 Integer；如果一个是 Empty，另一个不是，则另一个操作数确定返回值类型。

（3）字符串连接运算符

可用 + 或 & 连接两个字符串。如："34" + "56" = "3456"（或"34" & "56" = "3456"）

由于在算术运算符中"+"的含义与字符串运算时"+"的含义大不相同，所以为了减少误会的发生，在 VB. NET 中还尽量使用"&"运算符作为字符串连接运算符。

（4）比较运算符

比较运算符把一个值和另一个值进行比较，如果操作数包含 Empty，则按0进行处理，然后根据结果返回一个 True 或 False 的逻辑型值。在比较两个字符串时，若 str1 > str2 为 True，则表示 str1 排序时出现在 str2 后；若 str1 < str2 为 True，则表示 str1 排序时出现在 str2 前；如果不分前后则用等于号；如果一个字符串是另一个字符串的前缀，如"aa"和"aaa"，则认为较长的字符串大于较短的字符串，即"aaa" > "aa" = True。

VB. NET 中的比较运算符有：=（等于）、< >（不等于）、<（小于）、< =（小于等于）、>（大于）、> =（大于等于）。这些运算符对于数值、字符、日期表达式的比较都是有效的，结果是布尔类型的 True 或 False。

（5）逻辑运算符

VB. NET 中常用的逻辑运算符有：Not（非）、And（与）、Or（或）、Xor（异或）。计算的结果仍然是布尔类型的 True 或 False。

4）常量

在程序运行的过程中始终固定不变的量称为常量。由于在程序设计和开发时经常会反复地运用一些常数，而且它们代表的含义有时候非常难记，所以每次都需要去核对，如果定义了常量使之简单化，则可提高代码的可读性及可维护性。

可以采用下面的方式定义一个表示路径名的符号常量：

```
Const strPathName = " c:\windows"
```

这样，在后面的程序中，就可以使用 strPathName 来代表所有的"c:\windows"路径名，不用每次都指明。而且，如果程序发生变化，路径名要变成"c:\windows\zhongcheng"，只要改动上面的这个定义语句就可以了。如果不采用常量，就需要修改程序中所有涉及这个路径名的地方。

在 VB. NET 中，应该注意几个很特别的常量：

（1）Nothing：在 VB. NET 中，把一个表示对象的变量赋值为 Nothing 时，就表示这个对象不再使用，VB. NET 会释放这个对象所占用的内存空间。使用方法如下：

```
objMyObject = Nothing
```

（2）Null：当一个变量的值是 Null 时，表示这个变量的值不是有效数据。如果把变量形容成一个盒子，在没有给一个变量赋任何值的时候，VB. NET 会给它一个初始值（例如，如果用户定义了一个整型的变量，那么在没有使用它之前，它的值是 0）；而 Null 则表示这个盒子中的值是一个无效值。

（3）True：表示真。

（4）False：表示假。True 和 False 通常用于条件语句。

为了提高程序的效率，建议用户不要定义不需要使用的常量，因为所有的常量都要占用内存空间进行保存。一旦定义了一个常量，系统就要在它的整个生存期内负责维护这个常量。对于大型的程序，往往会定义一个常量文件，把所有项目中会使用的常量都放在这个文件中，在需要使用的时候把这个文件包含进来。这种方法虽然有利于降低代码的复杂度，但一个程序并不会使用包含文件中的所有常量。这样，很多常量并没有用，但却仍要占用服务器的内存空间。由于在网络的环境中，客户的需求不好估量，所以在定义常量时，一定要考虑清楚，只有这样才能保证程序的效率。

5）数组

除了使用单个变量，在 VB. NET 中还可以使用数组，以方便地存储一系

列相关的数据。数组分为一维数组和多维数组。下面代码申明一个长度为 "3"的字符串数组,并对之进行初始化:

```
Dim arrString ( 2 ) As String = {"星期一","星期二","星期三"}
```

下面代码申明一个 2×2 的二维字符串数组,并对之进行初始化:

```
Dim arrDate ( 1, 1 ) As String = {{"星期一","18号"},{"星期二","19号"}}
```

静态数组和动态数组的区别就在于静态数组的长度是固定的,而动态数组的长度是不固定的。上面申明的两个数组都是静态数组,而下面两段代码的作用就是分别申明一个一维数组和二维数组,并对它们进行初始化:

```
Dim arrString ( ) As String = {"星期一","星期二","星期三"}
'申明一个动态的一维数组,并初始化
Dim arrDate ( , ) As String = {{"星期一","18号"},{"星期二","19号"}}
'申明一个动态的二维数组,并初始化
```

当数组申明和初始化以后,就可以通过元素在数组中对应的索引值来访问,下面两段代码分别访问上面申明并初始化的一维数组和二维数组中的一个元素:

```
Dim sTemp1 As String = arrString (1)
'访问 arrString 数组中的第 2 个元素
Dim sTemp2 As String = arrDate (1,1)
'访问 arrDate 数组中的第二行、第二列元素
```

在 VB. NET 重新申明数组和 Visual Basic 中基本类似,依然使用是 ReDim 语句。在 VB. NET 中使用 ReDim 语句要注意以下三点:

① ReDim 语句仅可以在过程级出现。这意味着不可以在类或模块级代码区使用 ReDim 语句来重新申明数组。

② ReDim 语句只是更改已被正式声明的数组的一个或多个维度的大小,但不能更改该数组的维数。

③ ReDim 语句无法更改数组中元素的数据类型,其和 Dim 语句申明数组的区别在于在 ReDim 语句中无法初始化重新申明的数组。

在使用 ReDim 重新申明数组时,最为常见的关键字就是"Preserve"。"Preserve"的作用是表明在重新申明数组时,是否要在重新申明的数组中复制原数组中的元素。请比较下面两段代码:

代码一:

```
Dim arrString ( 2 ) As String = {"星期一","星期二","星期三"}
ReDim Preserve arrString ( 4 )
```

'重新申明 arrString 数组,数组的长度改为5,并且在新数组中复制原数组的元素
```
arrString（3） = "星期四"
arrString（4） = "星期五"
```

代码二:
```
Dim arrString（2）As String ＝ {"星期一","星期二","星期三"}
ReDim arrString（4）
```
'重新申明 arrString 数组,数组的长度改为5,并不往新数组中复制原数组的元素
```
arrString（0） = "星期一"
arrString（1） = "星期二"
arrString（2） = "星期三"
arrString（3） = "星期四"
arrString（4） = "星期五"
```

通过比较上述两段代码,可见,在第一段代码中由于 ReDim 语句使用了 Preserve 关键字,所以在重新申明数组时,就在新数组中复制了原数组的元素,这样就只需对其中的两个元素进行初始化;而第二段代码由于没有使用 Preserve 关键字,就没有在新数组中带入原数组中的任何元素,所以需对数组的所有元素进行初始化。

6）表达式

表达式是一个或多个运算的组合。VB. NET 的表达式与其他语言的表达式没有显著的区别。每个符合 VB. NET 规则的表达式的计算都是一个确定的值。对于常量、变量的运算和对于函数的调用都可以构成最简单的表达式。

2. 分支

在程序设计中,条件语句能够根据表达式的值来决定代码的执行流程。在 VB. NET 中,条件分支语句有两种:If…Then…Else 语句和 Select Case 语句。

（1）If…Then…Else 语句

If…Then…Else 语句是最常用的条件语句。它的基本形式如下:
```
If condition Then statements1 [ Else statements2]
```
它表示:如果 condition 为 True,那么就执行 statements1;否则执行 statements2。

（2）Select Case 结构

当程序中的条件比较复杂,且是根据同一个表达式的不同值执行不同操作时,用 If…Then…Else 语句就显得十分烦琐。这时可以考虑采用 Select Case 结构来完成条件语句。

Select Case 结构如下：

```
Select Case testexpression
    Case condition_1
        statements_1
    [    …
    Case Else
        statements_n]
End Select
```

它表示：如果 testexpression 的值是 Condition_1，就执行 statements_1，以此类推；如果都不符合，就执行 Statements_n。

"Select Case"结构比功能等效的"If… Then"结构更清晰易读。"Select Case"结构每次都要在开始处计算表达式的值，而"If… Then… Else"结构为每个"ElseIf"语句计算不同的表达式，只有在"If"语句和每个"ElseIf"语句计算相同的表达式时，才能使用"Select Case"结构替换"If… Then… Else"结构。

3. 循环

VB. NET 中的循环有三种形式：For…Next、While…End While、Do…Loop 和 For Each。

（1）For…Next 循环

用 For…Next 循环可以精确地控制循环体的执行次数。For…Next 循环的语法如下：

```
For counter = startvalue To endvalue [Step stepvalue]
        [statements]
    [Exit For]
    [statements]
Next
```

其中，用 Step 关键字可以定义循环计数器的增长方式，stepvalue 的值（可正可负）可适应各种不同的需求。Exit For 语句允许在某种条件下直接退出循环体。

（2）While…End While 循环

如果不清楚要执行的循环的次数，那么可以用 While… End While 循环。它有一个检测条件，当条件满足时，执行循环体的内容；如果条件不满足，就退出循环。While… End While 语法如下：

```
While condition
```

```
    [statements]
    End While
```

由于在进入循环体之前会遇到检测条件,所以如果这个时候 condition 的值为 False,那么 While… End While 循环的循环体有可能一次也不能执行。

（3）Do…Loop

同样,在不知道循环次数的情况下,也可以使用 Do…Loop 循环。Do…Loop 循环的作用与 While… End While 十分相似。它的语法如下：

```
Do {While | Until} condition
        [statements]
        [Exit Do]
        [statements]
    Loop
```

其中,Do 后面的 While 和 Until 是可选的。使用 While 时,后面的条件满足则执行循环体；使用 Until 时,后面的条件满足就退出循环体。Do…Loop 循环还有另外一种写法：

```
Do
        [statements]
        [Exit Do]
        [statements]
    Loop {While | Until} condition
```

这种写法的结果是循环体在执行的时候至少会执行一次。

（4）For Each

在某些特殊情况下,可以使用 For Each 来实现对一个数组或集合中元素的遍历。

For Each 语句的写法如下：

```
For Each item In Array or Collection
    [statements]
    Next
```

可以看出,For Each 循环与 For…Next 循环的区别在于,在 For…Next 循环中需要指明循环的次数,而在 For Each 循环中不需要指明循环次数就可以遍历到一个数组或集合的所有内容。另外需要说明的是,这种循环通常在集合中使用。

4. 过程和函数

在程序设计过程中,随着代码量的不断增加,会出现很多地方使用同样代码的情况。为了能够减少同样代码的编写,ASP. NET 允许使用一些小的程序将重复的代码只写一次,其他需要使用这段代码的地方调用这个小程序就可以了。

在 ASP. NET 中,实现这种小程序的方式有两种:过程和函数。

VB. NET 支持子过程和函数,它们都可以根据需要设置参数。它们之间唯一的区别是函数可以有返回值而子过程没有。

子过程的定义方式如下:

```
Sub subname ([argument1[,…, argumentn]])
[statements]
End Sub
```

对于子过程的调用方式是直接调用过程名 subname。如果有参数,就在后面按照次序将参数在括号中写好。

函数的定义方式如下:

```
Function functionname ([argument1[,…, argumentn]])
[statements]
[Return value]
[statements]
End Function
```

对于函数的调用方式是调用函数名 functionname()。如果有参数,就按照次序写在括号中。参数的传递有两种方式:通过值传递参数和通过引用传递参数。

在调用子过程和函数时,如果没有明确地指出,所有的参数都是通过值进行传递的。所谓通过值进行传递,就是把参数的值复制到参数中。

在进行变量声明时,变量声明的位置决定了这个变量作用范围。在一个过程或函数外声明的变量是全局变量,对本程序内部所有的过程和函数都起作用;而在一个过程或函数内部声明的变量是局部变量,只对本过程或函数起作用。

在编写程序的时候,要时刻注意变量作用域的问题。因为在不同模块中修改全局变量会导致模块之间相互影响,违背了进行模块化程序设计的初衷。因此要设计出好的程序,就应该尽量减少全局变量的使用。

5. 命名空间

namespace 即"命名空间",也称"名称空间",是 VS. NET 中的各种语言使用的一种代码组织的形式。通过名称空间来分类,区别不同的代码功能同时也是 VS. NET 中所有类的完全名称的一部分。

命名空间是用来组织和重用代码的编译单元。人类可用的单词数太少,并且不同的人编写的程序不可能没有重名现象,对于库来说,这个问题尤其严重,如果两个人写的库文件中出现同名的变量或函数(不可避免),使用起来就会出现问题。为了解决这个问题,引入了命名空间这个概念,通过使用 namespace xxx,所使用的库函数或变量就是在该命名空间中定义的,这样就不会引起不必要的冲突了。

初学者在创建 Web 窗体时,默认情况下在该窗体代码文件里将自动添加以下 10 个命名空间(namespace):

```
using System;
using System. Collections;
using System. ComponentModel;
using System. Data;
using System. Drawing;
using System. Web;
using System. Web. SessionState;
using System. Web. UI;
using System. Web. UI. WebControls;
using System. Web. UI. HtmlControls;
using System. Data. SqlClient;
```

如果程序员需要做数据库编程,就要手动添加 System. Data. SqlClient。下面就对这些常见的命名空间做些简单的介绍。

(1) System

命名空间包含用于定义常用值和引用数据类型、事件和事件处理程序、接口、属性和处理异常的基础类和基类。

其他类提供支持下列操作的服务:数据类型转换,方法参数操作,数学计算,远程和本地程序调用,应用程序环境管理以及对托管和非托管应用程序的监管。

(2) System. Collections

命名空间包含定义各种对象集合(如列表、队列、位数组、哈希表和字典)

的接口和类。

（3）System. ComponentModel

命名空间提供用于实现组件和控件的运行时和设计时行为的类。此命名空间包括用于属性和类型转换器的实现、数据源绑定和组件授权的基类和接口。

（4）System. Data

System. Data 主要由构成 ADO. NET 结构的类组成。ADO. NET 结构使用户能够生成可有效管理来自多个数据源数据的组件。在断开连接的情形中（如 Internet），ADO. NET 提供在多层系统中请求、更新和协调数据的工具。ADO. NET 结构也在客户端应用程序（如 ASP. NET 创建的 Windows 窗体或 HTML 页）中实现。

（5）System. Drawing

命名空间提供了对 GDI + 基本图形功能的访问。在 System. Drawing. Drawing2D、System. Drawing. Imaging 以及 System. Drawing. Text 命名空间中提供了更高级的功能。Graphics 类提供了绘制到显示设备的方法。诸如 Rectangle 和 Point 等类可封装 GDI + 基元。Pen 类用于绘制直线和曲线，而从抽象类 Brush 派生出的类则用于填充形状的内部。

（6）System. Web

命名空间提供使得可以进行浏览器与服务器通讯的类和接口。此命名空间包括提供有关当前 HTTP 请求的广泛信息的 HttpRequest 类、管理对客户端的 HTTP 输出的 HttpResponse 类以及提供对服务器端实用工具与进程访问的 HttpServerUtility 类。此外，还包括用于 Cookie 操作、文件传输、异常信息和输出缓存控制的类。

其中，HttpResponse 封装来自 ASP. NET 操作的 HTTP 响应信息。Http ServerUtility 提供用于处理 Web 请求的 Helper 方法。

（7）System. Web. SessionState

命名空间提供可将特定于某个单个客户端的数据存储在服务器上的一个 Web 应用程序中的类和接口。会话状态数据用于向客户端提供与该应用程序保持持久连接的模式。状态信息可以存储在本地进程内存中，对于网络配置，也可以使用 ASP. NET 状态服务或 SQLServer 数据库将其存储在进程之外。会话状态可以与不支持 Cookie 的客户端一起使用。ASP. NET 可以配置为对客户端和服务器之间传输的 URL 字符串中的会话 ID 进行编码。

（8）System. Web. UI

命名空间提供的类和接口能够创建将作为用户界面元素出现在 Web 应用程序中的 ASP. NET 服务器控件和页。此命名空间包含控件类，该类为所有服务器控件（不论是 HTML 服务器控件、Web 服务器控件还是用户控件）提供了一组通用功能。它还包含页类，每当对包含在 Web 应用程序中的. aspx 文件发出请求时，都会自动生成该类。从这两种类都可以继承。还提供了一些类，这些类为服务器控件提供了数据绑定功能、保存给定控件或页的视图状态的能力，以及对可编程控件和文本控件的分析功能。

（9）System. Web. UI. WebControls

命名空间是由类组成的集合，可利用它在 Web 页上创建 Web 服务器控件。Web 服务器控件运行在服务器上并且包括按钮和文本框等窗体控件，还包括特殊用途的控件（如日历）。由于 Web 服务器控件运行在服务器上，因此可以以编程方式控制这些元素。Web 服务器控件比 HTML 服务器控件更抽象，它们的对象模型并不一定反映 HTML 语法。

（10）System. Web. UI. HtmlControls

命名空间是允许在 Web 窗体页上创建 HTML 服务器控件的类的集合。HTML 服务器控件运行在服务器上，并且直接映射到受大多数浏览器支持的标准 HTML 标记。这使得能够以编程方式控制 Web 窗体页上的 HTML 元素。

（11）System. Data. SqlClient

命名空间是 SQL Server. NETFramework 数据提供程序。SQL Server. NET-Framework 数据提供程序描述了一个类集合，这个类集合用于访问托管空间中的 SQLServer 数据库。使用 SqlDataAdapter 可以填充驻留在内存中的 DataSet，该数据集可用于查询和更新数据源。

SqlDataAdapter 表示用于填充 DataSet 和更新 SQL Server 数据库的一组数据命令和一个数据库连接。不能继承此类。

SqlDataReader 提供一种从数据库读取行的只进流的一种方式。不能继承此类。

SqlCommand 表示要对 SQL Server 数据库执行的一个 Transact-SQL 语句或存储过程。不能继承此类。

SqlConnection 表示 SQL Server 数据库的一个打开的连接。不能继承此类。

6. 面向对象编程基本概念

面向对象编程（Object Oriented Programming, OOP）是一种计算机编程架构。OOP 的一条基本原则是计算机程序是由单个能够起到子程序作用的单元或对象组合而成的。OOP 达到了软件工程的三个主要目标：重用性、灵活性和扩展性。为了实现整体运算，每个对象都能够接收信息、处理数据和向其它对象发送信息。

面向对象程序设计中的概念主要包括对象、类、数据抽象、继承、动态绑定、数据封装、多态性、消息传递等。通过这些概念面向对象的思想得到了具体的体现。

（1）对象（Object）

对象是人们要进行研究的任何事物，从最简单的整数到复杂的飞机等均可看作对象，它不仅能表示具体的事物，还能表示抽象的规则、计划或事件。

对象具有状态，一个对象用数据值来描述它的状态。

对象还有操作，用于改变对象的状态，对象及其操作就是对象的行为。

对象实现了数据和操作的结合，使数据和操作封装于对象的统一体中。

（2）类（class）

具有相同特性（数据元素）和行为（功能）的对象的抽象就是类。因此，对象的抽象是类，类的具体化就是对象，也可以说类的实例是对象，类实际上就是一种数据类型。

类具有属性，它是对象的状态的抽象，用数据结构来描述类的属性。

类具有操作，它是对象的行为的抽象，用操作名和实现该操作的方法来描述。

（3）封装（encapsulation）

封装使数据和加工该数据的方法（函数）封装为一个整体，以实现独立性很强的模块，使得用户只能见到对象的外特性（对象能接收哪些消息，具有哪些处理能力），而对象的内特性（保存内部状态的私有数据和实现加工能力的算法）对用户是隐蔽的。封装的目的在于把对象的设计者和对象的使用者分开，使用者不必知晓行为实现的细节，只须用设计者提供的消息来访问该对象。

（4）继承

继承性是子类自动共享父类之间数据和方法的机制。它由类的派生功能体现。一个类直接继承其他类的全部描述，同时可修改和扩充。继承具有传递性。继承分为单继承（一个子类只有一父类）和多重继承（一个类有多个父类）。

类的对象是各自封闭的,如果没继承性机制,则类对象中的数据、方法就会出现大量重复。继承不仅支持系统的可重用性,而且还促进系统的可扩充性。

(5) 组合

组合既是类之间的关系也是对象之间的关系。在这种关系中一个对象或者类包含了其他的对象和类。

(6) 多态

对象根据所接收的消息而做出动作。同一消息为不同的对象接受时可产生完全不同的行动,这种现象称为多态性。利用多态性用户可发送一个通用的信息,而将所有的实现细节都留给接受消息的对象自行决定。

(7) 动态绑定

动态绑定也称动态类型,指的是一个对象或者表达式的类型直到运行时才确定,通常由编译器插入特殊代码来实现。与之对立的是静态类型。

(8) 静态绑定

静态绑定也称静态类型,指的是一个对象或者表达式的类型在编译时确定。

(9) 消息传递

消息传递指的是一个对象调用了另一个对象的方法(或者称为成员函数)。消息是对象之间进行通信的一种规格说明,一般由三部分组成:接收消息的对象、消息名及实际变元。

(10) 方法

方法也称为成员函数,是指对象上的操作,作为类声明的一部分来定义。方法定义了可以对一个对象执行哪些操作。

面向对象出现以前,结构化程序设计是程序设计的主流,结构化程序设计又称面向过程的程序设计。在面向过程的程序设计中,问题被看作一系列需要完成的任务,函数(在此泛指例程、函数、过程)用于完成这些任务,解决问题的焦点集中于函数。其中函数是面向过程的,即它关注如何根据规定的条件完成指定的任务。

在多函数程序中,许多重要的数据被放置在全局数据区,这样它们可以被所有的函数访问。每个函数都可具有自己的局部数据。

这种结构很容易造成全局数据在无意中被其他函数改动,因而程序的正确性不易保证。面向对象程序设计的出发点之一就是弥补面向过程程序设计中的一些缺点:对象是程序的基本元素,它将数据和操作紧密地连结在一起,并保护数据不会被外界的函数意外地改变。

比较面向对象程序设计和面向过程程序设计,面向对象程序设计还具有以下优点:

① 数据抽象的概念可以在保持外部接口不变的情况下改变内部实现,从而减少甚至避免对外界的干扰;

② 通过继承大幅减少冗余的代码,并可方便地扩展现有代码,提高编码效率,也减低了出错概率,降低了软件维护的难度;

③ 结合面向对象分析、面向对象设计,允许将问题域中的对象直接映射到程序中,减少了软件开发过程中中间环节的转换过程;

④ 通过对对象的辨别、划分可以将软件系统分割为若干相对独立的部分,在一定程度上更便于控制软件复杂度;

⑤ 以对象为中心的设计可以帮助开发人员从静态(属性)和动态(方法)两个方面把握问题,从而更好地实现系统;

⑥ 通过对象的聚合、联合可以在保证封装与抽象的原则下实现对象在内在结构以及外在功能上的扩充,从而实现对象由低到高的升级。